阅读心理治疗 **2**

邱鸿钟 编著

人生是一首未完成的诗

Life is an Unfinished Poem

第二版

暨南大学出版社
JINAN UNIVERSITY PRESS

中国·广州

图书在版编目（CIP）数据

人生是一首未完成的诗/邱鸿钟编著.—2版.—广州：暨南大学出版社，2014.8
（阅读心理治疗）
ISBN 978 – 7 – 5668 – 1084 – 7

Ⅰ.①人… Ⅱ.①邱… Ⅲ.①人生哲学—通俗读物
Ⅳ.①B821 – 49

中国版本图书馆 CIP 数据核字（2014）第 148722 号

出版发行：暨南大学出版社

地　址：	中国广州暨南大学
电　话：	总编室（8620）85221601
	营销部（8620）85225284　85228291　85228292（邮购）
传　真：	（8620）85221583（办公室）　85223774（营销部）
邮　编：	510630
网　址：	http：//www.jnupress.com　http：//press.jnu.edu.cn

排　版：广州市天河星辰文化发展部照排中心
印　刷：深圳市新联美术印刷有限公司

开　本：890mm×1240mm　1/32
印　张：5
字　数：132 千
版　次：2006 年 3 月第 1 版　2014 年 8 月第 2 版
印　次：2014 年 8 月第 2 次
印　数：6001—9000 册

定　价：20.00 元

总　序

　　阅读治疗（bibliotherapy）源于古代，流行于现代。什么叫作阅读治疗？就是指通过阅读文学作品，达到修身养性、建立新的认知、调节情绪、重塑行为模式等目的的一种心理治疗方法。阅读疗法的最大特点是：治疗目的藏而不露，治疗过程潜移默化，治疗方法温文尔雅。

　　阅读治疗，无论是在东方还是西方，都有悠久的发展历史，关于阅读治疗的原理、方法和各家学说广泛见于哲学、文学、艺术和心理学等各种著作之中。为什么文学作品具有改变认知、调节情绪、塑造行为、医治心理障碍的作用呢？这与人是一个符号的动物的本性有关。所谓"心生而言立，言立而文明"，人是唯一通过语言拥有世界的动物；也是一种可以用符号引发情感，用符号开放内心世界，通过语言社会化，对符号崇拜敬畏，用符号互动交流，可以通过符号医治心灵之伤的动物。在人类学家看来，语言等人类文化是人类弥补生物器官不足，适应环境的一种"体外器官"。神话、童话、寓言、诗歌、散文、小说等文学形式在人类历史上各有自己的起源和表达精神世界的不同功能。古人曰："书者，舒也。""诗言志，歌永言。""诗者，持也，持人性情。""言以散郁陶。"可见，文学作品是一种引发欣赏者的认知与情感共鸣的触发剂或媒介。明代哲人王守仁对此就很有体验，他说："凡歌诗，须要整容定气，清朗其声音，均审其节调，毋躁而急，毋荡而嚣，毋馁而慑。久则精神宣畅，心气和平矣。"（《王文成公全书》）可见，作者倾注于作品中的认知和情感，在阅读者或欣赏者的理解、移情和阐释中又被重建出来。

文学即人学和心学：它们透视人生和社会，描写人对自然美的感知和体验，抒发、宣泄和寄托人内心的情志，替代现实生活中未能实现的愿望的满足。清代文人李渔总结了自己的人生经验，说："文字之最豪宕，最风雅，作之最健人脾胃者，莫过填词一种……予生忧患之中，处落魄之境，自幼至长，自长至老，总无一刻舒眉。惟于制曲填词之顷，非但郁借以舒，愠为之解，且尝僭作两间最乐之人，觉富贵荣华，其受用不过如此。未有真境之为所欲为，能出幻境纵横之上者。"（《闲情偶寄》）可见，创作与阅读文学作品是人类满足自己任何愿望和实现任何梦想的一种伟大的发明。

文学作品还具有认知同化和启迪顿悟的作用，以及改造人格的力量。如清代梁启超认为小说具有四种心理作用：其一是熏陶，即人在读小说时，"在不知不觉之间，眼识为之迷漾，而脑筋为之摇扬，而神经为之营注；今日变一二焉，明日变一二焉；刹那刹那，相断相续；久之而此小说制境界，遂入其灵台而据之，成为一特别之原质之种子"（《小说与群治之关系》）；其二是"浸"，即人在读完小说后，往往数日或数旬还不能释怀，或有余恋余悲，或有余快余怒等，这是文学作品的情绪调动作用；其三是激发顿悟，即小说情节或故事像禅宗一样，皆借刺激之力，在刹那间激发人骤觉；其四是超脱提升，读小说者常不自觉地将自己融入情节之中，与书中的主人翁同乐同悲，好似此身已非我有，而入彼界，好似佛法修行一般。

阅读治疗效应的关键在于文本所富含的哲理和人生启迪的意义。优秀的文学作品好比一个好的心理医生，阅读和聆听一篇好的文学作品就好比享受一次清心醒脑的心理咨询。神经心理学的知识告诉我们，阅读过程可以通过精神—神经—内分泌通路引发阅读者的血管收缩和舒张，某些神经递质释放的增加等生理反应，引导阅读者认识自我，鼓舞意志，移情共感，增进对自然和生活的审美情感，帮助释放不良情绪，转移对自身痛苦的注意，从而达到平衡心理、减轻精神痛苦的目的。

根据文学作品的主题和心理治疗的目的，本丛书共分五册，各册主题和内容分别是：

《大自然是一间疗养院》分册首先介绍了阅读疗法的发展源流、基本原理和应用方法，讨论了不同文学体裁的心理效应。因为人是一个复杂的符号动物，所以，阅读疗法是一种最符合人性本质的心理治疗方法。本册阅读材料以自然山水为主题。孔子说："仁者乐山，智者乐水。"对日月、山川大海、风霜雪雨、树木花草、虫鱼鸟兽等自然景物的喜好倾向不仅可以反映人的性格和情感的特点，而且春夏秋冬四季物候更替变化本身就是人类生理和心理自然节奏的本源，大自然的景象和变化有助于身陷自我羁绊的人触类旁通，茅塞顿开。当一个人在面对宇宙自然的时候，最容易触景生情，百感交集。这也许是人生中最真挚的时刻，因为可能此时他才知道人来源于自然，也必将终结于自然，人在自然面前是多么渺小，真的没有哪些可以让人得意忘形的所谓成功和发展的极限。正如《黄帝内经》中云："天之道也，如迎浮云，若视深渊，视深渊尚可测，迎浮云莫知其极。"许多现代人活得浮躁，一味奔劳而不知欣赏，实在是辜负造物主馈赠给人类的良药。我相信，欣赏自然、热爱自然、顺应自然是人类进化中形成的健康心理。

《人生是一首未完成的诗》分册的阅读材料是关于如何面对挫折、逆境和病患，正确认识现实和自我等人生问题的。人虽然是一种动物，却是一种很特别的动物，即一种会不断向自己和别

人生是一首未完成的诗

人发问，不断追寻自身存在的意义与目的的动物。尤其在遭受病患或挫折，处于逆境或低谷时，这些发问似乎更加挥之不去。乐观的和洞察人生真谛的作家告诉我们，人生不是一个目的，而是一个有限的过程，即使你能活一百岁，总的人生也不过是36 000天或1 740 000小时，过完一天就少了一天，就离死亡的日子靠近一点。事实上，无论你的学问多高，官职多大，财产有多丰厚，最后都是带不走的；不管你吃什么，住在哪里，都只是让这有限的生命有一个地方安歇或寄存而已。虽然这个道理并不深奥，可正是一些无止境的欲望和攀比，让许多人自卑、自大，或者是焦虑不安、恐惧或抑郁。如果我们能知足常乐，记住尘世就是唯一的天堂，幸福就是活得有意义的话；如果我们能接受自己的缺陷和不完美，能将自卑作为一种动力，将生活当作体验各种味道的菜肴的话；如果我们能将人生当作一首不断创造和书写历史与意义的诗歌的话，那么，我相信，我们的人生天地就会焕然一新。

《习惯铸造人格》分册的阅读材料是关于如何从日常生活习惯和小事入手来培养人格的。行为主义认为，内在的心理的东西既不好捉摸，也不是实际被展现出来的。因此，行为主义主张放弃心理学的思辨，将心理学解释为行为的科学。行为主义只承认人在结构上的遗传，而否认功能上的遗传；所有复杂的行为都是来自后天的学习和训练。所谓人格，就是一个人生活习惯和反应方式的总和，生活习惯的养成就是人格塑造的过程。参加劳动、与别人聊天、阅读书籍、休闲、养宠物、做家务、散步等习惯和爱好无一不对人的性格带来潜移默化的影响。现代人为什么很忙碌，也许是因为怕闲！因为闲下来无所事事，没有精神寄托，感到没有社会价值，这是一种比丢失财产更伤心的精神丧失，是一种精神的死亡。事实上，如《中庸》中所说："君子之道，费而隐。""道不远人，人之为道而远人，不可以为道。"如果所有孩子的家长明了对子女的教育，培养良好的性格，预防和矫治不良的行为，甚至是心理疾病的矫治、传授做人的方法都不能远离普通的日常生活这个道理，就不会对孩子娇生惯养，就不必等待迟来的心理医生的咨询与治疗。其实，心理医生那里并没有什么灵丹妙药、神仙秘方。所谓"授人以鱼不如授人以渔"，如果我所有的来访者和神经症患者明白了这个带病生存、为所当为的生活疗法的道理，那就彻底开悟，自愈有望了。

《挖掘你的快乐之泉》分册的阅读材料是关于如何理解快乐，如何寻找快乐之法的。虽然追求快乐是潜意识心理活动中铁的规律，但许多有心理问题和患有抑郁症等心理疾病的人都快乐不起来。他们为何快乐不起来？快乐的铁律为何失灵？帮助我们的来访者快乐起来，这也许是所有心理咨询与心理治疗的最终目的。面对人生中不快乐的事，宗教叫人宽恕自己与别人，药物将自己变成病人，而只有心理医生叫你自己审视自己。事实上，是自己不让自己快乐！静心想一想，如果你想要快乐，就没有不能立刻快乐起来的，只是你要找对方向！如果你认为是别人或者是某些刺激事件让你不快乐，那你就是将快乐建立在别人身上或外归因了。六祖慧能对那些修行多年仍然痴迷不悟的信徒说"佛心不二"，真是一语道破天机。佛在自心，不在西方圣地，人只有到自己心里去找快乐，才能找到真乐！那些凡事只往坏处想的人，那些低估正性信息、选择负性关注、以偏概全、不公平地比较、主观推断的人，如果不能意识到正是这些非理性的思维习惯让自己快乐不起来，那他是无药可医的。快乐无定法。快乐是没有条件的，快乐的感觉永远是自己的。快乐的人并不是特别走运，而是他更善于在平凡的生活中发现快乐。尘世乃唯一的快乐天堂。卖菜乐，回忆乐，无知也有不知的轻松，快乐是每一个人天赋的权利，问题在于我们是否能发掘自己的快乐之泉。

人生是一首未完成的诗

《音乐的精神分析》分册的阅读材料是关于音乐演奏和欣赏体验的。音乐是人类发明的另一种用时间展现和用想象思维的语言，有助于表达人不能言语又不能缄默的复杂情感，是治疗情志疾病的最古老的方式。音乐具有动荡血脉、通畅精神、道德感化、促进人际交往和团队精神的社会化等多方面的作用。本册首先介绍了音乐心理治疗思想的源流、音乐治疗的原理、中医音乐治疗等各家学说；其次介绍了一些音乐治疗的故事和接受音乐治疗所获得的身心感悟。《论语·述而》记载，当时的孔子在齐国听到美妙的音乐《韶》之时，竟然"三月不知肉味"，可见音乐的魅力。聆听莫扎特的音乐，流畅抒情，诚挚明朗，充满青春活力；聆听贝多芬的音乐，热情磅礴，充满想象，具有英雄气概；再聆听舒伯特、门德尔松、舒曼、李斯特的音乐，清澈如镜，诗情画意……音乐为人类相思的苦恋建造了一座迷人的伊甸园，为失落的灵魂找到了一座神庙，为孤寂的单身找到了一处呐喊的窗口；音乐可以升华压抑喷发的爱欲，赋予人精神力量，宣泄痛楚的情绪，表达无言的情结，聚积团队的精神。

各分册虽相对独立，但我还是建议读者从第一分册读起，先了解阅读疗法的一般知识和方法，再根据自己的实际需要，选择合适的主题深入阅读。如果读者能边读边写心得体会和落实于行动的日记，那将留下一串心理发展的珍贵足迹。

俗话说得好：开卷有益，读万卷书，行万里路。人是世界上独一无二的具有阅读能力的生灵。我期待广大读者能将自己的读书体会和行动经验与我分享。笔者永远不变的电子邮箱是：hzqiu@163.com。

邱鸿钟

第二版前言

本丛书于 2006 年出版第一版，一晃就过去整整八个年头了。在这些年间，世界风云变幻，社会变革大潮跌宕起伏，时移俗易，正如唐代诗人韦庄诗曰："但见时光流似箭，岂知天道曲如弓。"虽说世间如此动荡不安，但我很高兴地看到，我们这些凡夫俗子对待文学阅读的热情并没有因此减弱，第一版印刷的丛书早已销售一空，许多在旧书市场也无法淘到宝的读者早就渴望再出第二版。一位不知名的读者在给我的邮件中写道："您的书写得真好！读了《人生是一首未完成的诗》、《习惯铸造人格》之后，我受到很大的触动。我觉得真的很有必要对周围的人或事进行更多的关注，更好地体会生活的情趣和生命的生机。"还有一位读书爱好者在邮件中不无幽默地这样写道："呵呵，我不是一个有心理问题的人，只是偶然的机会在图书馆看到了您的书，它融合了很多哲学的思想和散文的浪漫，阐发了生命的意义与存在的情怀——它是一部好书！"我相信，书的价值体现在市场，书的评价靠读者，阅读疗法的实际疗效由读者说了算！

当然，并不是所有的文学作品都具有心理治疗的作用，只有那些引导人看到光明、洞察人生真谛的优秀作品才具有这个荣耀的资格。这也是我们需要选编本丛书的理由。在这里，我与我的来访者、患者要特别感谢那些为我们写作出优秀作品的作者，尽管我们从未谋面，但你们在作品中表达的某种精神已经成为卫生服务市场上交口称赞的良药，这不仅是你们的荣誉，也是我们这个时代患者的幸运。正像民国时代我国有了鲁迅这样的民族大医一样，现代人非常需要有良心善意、脊骨强健、思想纯正、技艺精湛，能医治灵魂顽疾的文学大医！需要扶正祛邪、药到病除、助人自助，令人茅塞顿开的苦口良药！

在历史上，用阅读文学作品或聆听故事等类似的方法医治心理疾病的典型案例不胜枚举，但闻名世界的莫过于《一千零一夜》的故事了。那位聪明的桑鲁佐德姑娘用讲述接龙故事的方法最终治愈了苏丹国王的心理变态。然而，在现代中国，真正将优秀的文学作品变成可以实用的临床心理治疗处方的做法并不多见。我们要特别感谢暨南大学出版社以极大的热诚推行的这套《阅读心理治疗》丛书，这使那些从我的心理诊室离开的来访者终于可以带一些"没有副作用的药"回家了。

知识就是力量，但我们只有通过阅读才能获得知识！

邱鸿钟

农历甲午年二月春分

于羊城白云山鹿鸣湖畔

目　录

阅读心理治疗

2

比喻的启迪

凡是生物，都会经历一个从生到死的过程，但除人以外，所有的动物都无忧无虑地活着，它们不仅对生命的终点无所恐惧，对所谓"生命的意义"这个抽象而虚无的东西毫不关心，对生命过程中不可预料的失败与挫折也从不灰心丧气，对自己天生的相貌和身材也从不自卑。可是，人从小就被教育要树立生活的目标，要有理想和追求，要活得有意义，要有自信。既然有了社会认同的标杆，就肯定会有比较，就肯定会有人自愧不如别人，会对昨天后悔，对今天不满，对未来感到焦虑和担忧，于是，人类就有了自卑、悲哀、挫折感、焦虑、抑郁、幻想、妄想等这些只属于人类的特殊疾病。这些心理疾病根源于人具有一种反思自己的能力。人不仅现实地存在着，而且能够意识到自己的存在和试图解释自己的存在。因此，所谓"人生观"，就是人类对自己生命过程的认识或自我体验。自我意识是人区别于动物的重要特点。

将人与动物区分开来以后，进一步的问题是：人与人之间的自我意识又有什么不同呢？为什么有些人活得乐观自在，有些人则活得悲观失望；有些人自信自强，而有些人则自卑忧郁？看来，人与人之间的自我意识的区别在于：每个人看待自己的方式

人生是一首未完成的诗

1

不同，以至于得出的结论不同。一个人如何观照自己？心理学家假设：人的自我将自己一分为二：一部分是被关注的对象化的自我，或者叫"客我"，包括自己的身体、自己的能力、自己的心理状况、自己在社会中的表现，等等，好比在镜子中被主体观察的自我形象；另一部分是对上述自我主动进行观察和反思的主体自我，也叫"主我"。客观上，人与人之间的"客我"是有差异的，例如，身高不同、能力有大小等，但真正带给个体精神痛苦的是主我看待事物的消极方式！虽然人可以通过美容美体，获得较高的社会成就来提高自信心，但若想减少人类自我意识所带来的精神痛苦的话，关键还是要改变主我看待自己的方式！也许我们需要对传统教育给我们灌输的"人生理想"、"人生意义"、"美满人生"等观念进行一次颠覆性的反思。

然而，反思并不容易，正如我们不借助于镜子就永远无法看到自己的后脑勺一样，人在此在的生命历程中是很难表述自己活着的体验的，于是文学家发明了将人生进行比喻的方法。比喻成了认识人生的一面镜子，镜子成为人内心投射的反光。人生原是一个语言抽象、个体化和内在化的东西，而比喻可以帮助我们返回常见的大自然的意象上来分享这种特殊的存在体验。正所谓"不识庐山真面目，只缘身在此山中"。人只有走出自我的"庐山"，才可能看清自己的真实全貌。

不同的人生比喻是对人生不同体验的写照或刻画，从某种意义上说，世界上没有两个人的人生体验是完全相同的。感到幸福的人，其人生比喻是甜蜜的；感到不幸和悲哀的人，其人生比喻是灰色的；参透人生奥秘的人，其比喻是调皮和幽默的。因此，可以说，看一个人如何比喻，既是一种非标准的心理测验，也是一种人生的智慧。一个有趣的临床观察是：神经症患者往往缺乏这种比喻的兴致，在他们的眼中人生是十分严肃的事情，哪能与他物相比，哪有心思开玩笑？因此，我们依据比喻的能力，将人分为如下几种类型：具有幽默感的人是快乐的、开朗的和灵活机智的；神经症患者近乎是机械的、刻板的、执着的和不可变通的；而精神病人联想丰富，思维奔逸，语词新作，表述生动形象，喜怒哀乐率性而为，具有许多近似诗人的直觉和思维特点，他们或自觉极度快乐，或自觉极度恐惧。由此可见，从比喻能力可推断出人心的健康程度。

　　人生永远是一种正在进行时，是一种不可能完成的存在，因此，人生并没有终极的理想，也没有所谓永恒的意义，一切皆在创造的过程之中。

阅读材料

人生比喻的智慧

◎ 邱鸿钟

　　人与高级动物都有一双眼睛，可以观察周围的世界，以便对环境及时作出适当的反应，这是动物适应环境的进化结果。动物和人的眼睛都可以观看身外之物，这是共同的，但人的眼睛还可以通过别人的眼睛和镜子反观自己，这是人所独有的。然而，并不是所有的人都会像孟子那样"吾日三省吾身"，自觉地运用人的这一独特功能，凡人的双眼大抵都被周围的权名利色等所遮蔽。人之所以不易认识自我人生，还在于人认识自己时既是主体也是客体，主客体同为一个生物体。同一大脑要认识自己，谈何容易，好比钱币的一面要看另一面一样的困难。

　　人毕竟是聪明的，人类发明了比喻这个方法，使自己内在的意识对象变成另一种平时容易知觉的外在对象，以便于感性地观照。如下几种比喻就是一些关于人生的观照，它有助于我们认识自己的生命历程的各个侧面及其意义。

人如朝露

魏武帝有诗："对酒当歌，人生几何？譬如朝露，去日苦多。"人生始于母亲十月怀胎，是阴阳精华之结晶，如朝露经长夜凝结而成，晶莹剔透。然而，生命短暂，当创立的事业如日中天时，生命就开始衰老，当阳光普照时，朝露即刻被蒸发得无影无踪。人如朝露，说出了人的生命诞生的艰难、生命的脆弱和生命的短暂。生命正由于诞生不易，所以我们应该珍视这个唯一；生命正因为脆弱，所以我们应该倍加爱护和小心；生命正因为短暂，所以我们应只争朝夕，不要浪费人生。

清代漆修纶有《醒世诗》曰："赤手空拳初生世，富贵何人是带来？既不带来难带去，铜山铁券总尘埃。"人生如朝露，凭空而来，消失无影，贪实在是无益人生。

人生如戏

人，不仅是生物的人，还是社会的人，作为前者，人就是个体，作为后者就是角色。角色，这个概念是从戏剧里借用来的，社会好比一个大舞台，社会生活就好比一出大戏，我们每一个人都在这场大戏中扮演了一个角色，或唱主角，或唱配角；或唱正面角色，或唱反面角色，或唱中间角色。但事实上，每一个人在一生中不止扮演了一个角色，而是多个角色的集合，或曰是一个角色丛。这就是说，每一个人都可能在不同的社会情景中出演不同的角色，在儿女面前是父亲，在父母面前是儿子，在妻子面前是丈夫，在同事面前是领导。在扮演不同的角色时便可能表现出不同的情操、品格和心态。有善有恶、有自信有自卑……绝不是单一的角色唱到戏尾。一生中，人的性格可能在不同的年龄阶段发生不同的变化，一个人在不同的场合会表现出不同的性格来，人生犹如戏中脸谱，面具下面才是真实。

戏剧精彩与轰动与否，与它是否表现了时代的精神有极大的关系，同样，人生精彩不精彩也与其行为同时代的要求吻合的程度有关。戏剧有序幕、高潮与尾声，人生亦有童年的开头、青中年的极盛与老年的尾声。好的开头可以吸引观众，而良好的童年教育对一生有极大的持久的影响；戏剧的高潮深深地打动观众的心，而人生的极盛时期争强好胜，最易忘记对自我这颗心的了解；戏剧的尾声带给人启迪反思，而人到老年方才知道自己是谁，活着时干了些什么，以及那些行为有什么意义。

一个演员也许可以在一个剧中扮演一个成功的角色，但最难在不同的剧情中都同样成功地扮演不同的角色，因为他（她）很难不使这些角色雷同，这种角色迁移的现象也经常表现在我们每一个普通的社会角色身上。一个人可以扮演好一个自信得意的角色，但不一定能扮演好每一个应该做好的角色。比如，在单位是一位不错的好领导或好职工，但在家庭里可能常常忽视了一个儿子对父母的孝心，一个丈夫对妻子的爱心，一个父亲对儿女的关心；或者把在单位里扮演的角色不自觉地迁移到处理家庭里的人际关系，就势必引起家庭角色的冲突矛盾。角色的混淆、错位和忽略是生活中常见的事情。因此，一个角色的成功不等于其他角色同样的出色。

谨记自己的社会角色，做自己这个角色该做的事情，不做自己不该做的事情，是保证社会和人生这出大戏有序的演出规则。

人生如河

孔夫子可能是将人生比作江河的第一个人。《论语·子罕》记载："子在川上曰：逝者如斯夫！不舍昼夜。"在古诗里，我们可以找到很多将江河视为人生和情志投射载体的诗句。如："请君试问东流水，别意与之谁短长。""抽刀断水水更流，举杯消愁愁更愁。人生在世不称意，明朝散发弄扁舟。""孤帆远影碧空尽，惟见长江天际流。"（李白）"无边落木萧萧下，不尽长江滚滚来。"（杜甫）当然也有豪情壮志一类寄予江河："朝辞白帝彩云间，千里江陵一日还。两岸猿声啼不住，轻舟已过万重山。"（李白）归家的愉快犹如江河流畅激荡。

大江的水量和力量在很大程度上取决于发源地的面积和途中所汇集的支流，这好比一个人的知识，博采各家之长者当然比孤陋寡闻者更谦虚，更有人格魅力，更有洞见。与河流的富有与它的流程成正比一样，人的精神的富有与他的社会阅历成正比。江河源出山泉，"在山泉水清，出山泉水浊"（杜甫），人的品行尤其如此，初时纯洁质朴，混迹世界后便可能变得丑恶。

没有急流险滩的大江就不可能有美丽动人的风景，河流从起源奔向大海，一路要流经陡岩、峭壁、险隘，中间经历了多少与岩石的冲撞、漩涡。人生的经历与此多么相似，没有挫折的人生就平淡乏味，一个人不经历磨难就不会真正成熟。唐代诗人王湾有诗："客路青山外，行舟绿水前。潮平两岸阔，风正一帆悬。"人生过程正犹如此，冲过激流险滩，前面或许就是视野开阔、一帆风顺的旅途。

大海是江河的归宿，有时亦是人的精神家园。"应共冤魂语，投诗赠汨罗。"（杜甫《天末怀李白》）一生屡遭冤屈的屈原选择了汨罗江作为自己的归宿。江河在奔腾的旅途中壮志凌云，意志坚强，不可阻挡，但江河之水一旦融于大海便归于安静，它从来

没有炫耀自己走过的历史。江河的历程犹如人的一生，人是一种明知道死亡结局还要向前勇敢地走下去的存在！生命是时间的函数，是一种减法！江河可以在湖泊、大坝中休息片刻，减缓生命消逝的时间，而人也可以通过修建功、德、言的大坝使自己灵魂的生命延长。

一滴水不能构成磅礴的大江，孤独的个人就不可能获得壮丽的人生。我们每一个人只有将自己融到集体中去，与他人团结合作，才能对社会事业有所贡献。水的力量来自团结和持之以恒，人的成功与之何其相似。大江中行船不进则退，人唯有奋斗不息才能达到人生的光辉顶点。

人生如梦

庄子作"蝴蝶梦"一篇，梦见自己变成了蝴蝶，挥动着翅膀，快乐极了，他完全忘记了自己是庄周；他在梦中彻悟：究竟是庄周变成了蝴蝶呢，还是一只做梦的蝴蝶变成了庄周呢？梦与现实的界限在这里被消解。我们诊断精神病人有各种幻觉，可在他们看来，他们感知的世界和事件才是真实的。在宗教徒看来亦是如此，似乎修炼者已从梦境中醒悟，而芸芸众生却懵懵懂懂。

人生如梦之说者大多有大得大失、大起大落之经历。事实上，人在出生后不久的社会化过程中，其心灵就被各种功名利禄之尘污染，厚厚的世俗之尘遮蔽了原初纯洁的赤子之心，好贪、好色、好权，终日不息此心，直至死到临头时，方知身栖不过八尺之床，死后身归泥土，成为蚁虫之食。人为什么要到患病在床时方知健康的宝贵？为什么要到被押到刑场时方知后悔贪污受贿？为什么要到官场失意时才知自然山水、田园风光动人心弦？由此可见，权钱名色好比梦境之物，至死到临头时方才醒悟，死亡的确是一副癫狂梦醒汤。人本为向死而生的存在，而当死亡没有来临的时候，大多数人却从来没有这种意识，这的确是一种遗憾。

将人生视为一种梦境，有助于我们放弃永不满足的奢望和追求，有助于灵魂对物欲、权欲、名誉的超脱。有些人一生节俭勤劳，大小巨细无不挂心，有些人一生努力奋斗，尽得荣耀，这本无可厚非，但转念一想，假如他日重病不起，死期将至，犹如一物皆化为一缕青烟，何况平日所惜所争尽皆抛去。正如庄子所说："有大觉者，然后知此其大梦也。"

人生如品酒

一生坎坷的辛弃疾有无尽的愤慨和无奈，饮酒赋诗，抒发情怀，饮酒中便有对人生的诸多体会。"人生行乐耳，身后虚名，何似生前一杯酒。"（《洞仙歌·飞流万壑》）"断吾生，左持蟹，右持杯。"（《水调歌头·君莫赋》）人生为何像一杯酒？因为现实生活太残酷、太痛苦，而酒能使人达到忘我、无我的境界，无我则无欲、无忧。"一杯酒，问何似，身后名？人间万事，毫发常重泰山轻。"（《水调歌头·长恨复长恨》）与人间的腐败和人生的艰辛相比，酒中的境界显得多么幸福："掩鼻人间臭腐场，古来惟有酒偏香。"（《鹧鸪天·寻菊花无有》）"人间路窄酒杯宽"，于是，酒成了他医治心疾的药物："老我伤怀登临际，问何方、可以平哀乐？唯是酒，万金药"。（《贺新郎·拄杖重来约》）

文人丰子恺四十岁时的感叹也是："我觉得人生好比喝酒，一岁喝一杯，两岁喝两杯，三岁喝三杯……越喝越醉，越醉越痴，越迷，终而至于越糊涂，麻木若死尸。然而，'人生'这种酒是越喝越涨，越喝越凶的。这种酒是强迫你喝的，醉与不醉不在于酒的凶与不凶，而在于量的大小。"（《自传》）列宁也曾经将宗教比喻为精神上的劣质酒，他说："资本的奴隶饮了这种酒就毁坏了自己做人的形象，不再要求多少过一点人样的生活。"（《列宁全集》中文第 2 版，第 12 卷第 131 页）事实上，我们不难发现，无论是自甘屈辱尘世间诸苦的教徒也好，还是酒精中毒的神经症患者也好，他们都是以某种东西麻醉自己而逃避现实的人。

人生如坐车

毛泽东同志年轻时曾有如此一喻：身体是寓道德之舍，载知识之车。躯体与精神的关系好比车与乘客的关系。人生如坐车，因为车速快慢乘客身不由己，好比年龄之轮不会因为个体意志而倒转或停顿，精神幻想自己不老，但精神这个乘客只能搭乘一辆会老化的躯体之车。当然，车主可以去爱惜、锻炼、修理身体这部车，让身体的健康和美成为精神、自信和快乐的根基；当然车主也可以完全不顾及这部车的状况，所谓"拼命工作"、"忘我工作"就是指这种情形，身体仅仅成为了精神实现目的的工具；车主还可以因为心已死而故意损害或毁灭这部车。此外，还有一种人对躯体这部车的状况过分关注，比如对毛发的颜色和数量，对皮肤的光泽和弹性，对内脏机能的微小变化等，明察秋毫，对它的衰老有莫名其妙的过分担忧，结果，关于身体的意象和意识占据了心灵的整个空间，精神成了躯体的奴隶。

人生如坐车，因为车的运行总是有方向的，有些人选择了错误的人生观，就好比搭错了不同方向的车，走了太多的弯路，因而浪费了青春。人生中有不少发展的机遇，好比车停车开的那一短暂的时刻，一不留神或左顾右盼，则可能失之交臂，错失良机。有些人坐这部车走马观花，一生没有在人类社会中留下自己的任何足迹，一些人曾搭乘过别人的车，但现在便不再依赖别人，而是驾车独行，勇往直前。

人生如赌博

"人生就像赌博，胜负成败，自己并不能完全掌握，自认为可以完全掌握的人，如果不是疯子，一定是个骗子。"这是台湾文化名人柏杨先生对人生中的竞争性和不可控性的一种比喻。

人生如赌博，说明影响人生的成功有一些不定因素，它们是在那些周围与自己长期打交道的，特别是那些与自己对弈的对手那里，比如，一个竞争对手在领导那里打你的小报告，而恰好碰到的是一位偏听偏信的昏君，那么，你可能因此而丧失了一次发展的机遇，而且可能前功尽弃。

人生如赌博，老百姓最常见的比喻莫过于婚姻。"女怕嫁错郎，男怕入错行。"可见老百姓对婚姻和事业赌注性质的透彻认识，婚前不可能对对方了如指掌，嫁了就生米煮成熟饭，即使反悔似乎价值也不同如前。因此，人们就把婚姻看成如下赌注一般。

人生如赌博，因为人的成功在很大程度上取决于运气，而运气是可望不可求的，但幸运常常属于那些头脑有准备的人们。

将人生视为赌博，也可能是一些混世魔王吃喝玩乐的逻辑，不顾后果，不管道德，今朝有酒今朝醉。

人生如杂货店

人生是丰富多彩的，难忘的经历、天真的童年、甜蜜或痛苦的记忆、质朴的友谊、自私的爱情与嫉妒、工作事业的拼搏、复杂头痛的人际关系等就如杂货店一般，酸甜苦辣应有尽有，人生不是幸福或痛苦，美丽或丑恶的单质结构或过程，我们不要抱怨人生的辛苦或不幸，人生就是这样一个不断将荣誉、名声、财富、地位等从货物架上搬上、搬下，展示、炫耀，然后，货物从货架上消失的过程。年轻时，代表你的那个货架上还是空空如也，你整天忙着想方设法往上搬运货物，等货架上摆满了光彩夺目的货物，并且你正在向周围的人炫耀自己的成就时，白发早已经爬上了你的额头。渐渐地，货物开始泛黄陈旧，尽管别人对这些杂物的兴趣越来越小，可你却对这些杂物的感情依旧不变，你这间店铺只进货，不卖货，于是，杂货店慢慢变成了废旧物品收购站，老板总沉浸在光荣的历史回忆之中。

大概只有当我们回归自然，子女长大成人，主持家务之时，这间杂货店才会有一次彻底的大扫除，原来我们曾经一直舍不得丢弃的杂物死时并不能带走，而且大多数时候没有人愿意继承它。

懂得人生如杂货店一般，我们就没有必要抱怨人生的复杂性，在意自己没有成为一个专家而遗憾，就没有必要将那些荣誉之类的东西收藏得如至宝一般。货物总是要陈旧报废的，杂货店如要光彩，就应该不断更新货物，引进时尚，使店铺经营得更具有自己的特色。身在杂货店，心必为万物所累，所以请记住明代陈白沙的这句格言："身居万物中，心在万物上"。

人生是一首未完成的诗

人是什么

　　一个人如何看自己和如何看别人，是以对人性的一般看法为基础的。人性本善，还是人性本恶，历来是哲人们争论不休的问题。其实，这个道德问题可以转变为如何看待人的心理进化的问题。如果说善代表了进化中人性一面的话，那么，恶就代表了兽性遗传的一面。有关人的各种定义总是离不开"人是……的高级动物"的语言框架，说明人的根基或母体仍然具有动物性，比如求偶与求食。但人性的高贵之处恰恰是对动物性的克服与摆脱。

　　认识到人与兽性的历史联系，我们就不必为自己的一些自然而然的冲动而自责，把不是问题的问题当成问题，自寻烦恼；我们就不必为自己不是一个完人而自卑，就不必去驱赶头脑中谁都可能有的念头。正因为人性中有兽性的成分，所以人皆有七情六欲，有自私和贪欲，有对异性的爱慕和追求，有对性的需求等。所以，我们既不要对别人求全责备、要求过高，也要对自己宽容一些。当然，这种宽容不是放任自流，而是意识对无意识的理解和观照。

　　弗洛伊德说：人类的文明就是建立在压抑的基础上的。从某种意义上说，兽性是一种人类的集体无意识，而人性是人类社会进化教育塑造的结果，是意识克服无意识的文化成果。当然，这种克服除了压抑之外，还可以是升华。所谓"神"就是意识与无意识和解的一种最高境界，是一种为全人类、全民族和集体谋利的大慈大善。从"自然的人"到"社会的人"的演化，实质上就是克服兽性、塑造人性的过程，却只有少数人达到了"神"的境界。佛经言：本性未觉时，佛为众人；本性已觉时，众人为佛。佛即本性觉悟的人，即神。可见，众人都有成佛、成神的可能性。

人性中善恶或神兽的成分既不是绝对的，也不是不可改变的。这是我们提升人性、克服兽性的前提。尽量提升人性中的神的成分，其实也就是在逐步建构优秀的人格。

按照弗洛伊德的理解，举凡一切神经症的产生都与人内心的兽性（本我）和神性（超我）的冲突有关，而一切心理治疗都是为了和解这种冲突，最终顺其自然地做一个普通的人。记住：我们既不是放纵无度的兽，也不是完美无缺的神。

阅读材料 ★☆

人性分析

◎郭 枫

人是什么？人是神和兽的混合物。

神是什么？神是品格最崇高的人。什么叫作"最崇高"？很简单的一句解释就能把意思说完："抱着爱心，愿意为人群牺牲，牺牲个人的名利甚至于生命。"这种品格就是最崇高的品格；这种人，就是神。世界上真有这种人么？当然有！不过并不多见，而在浊世之中尤为难得。举几个大家所熟知的名字：耶稣基督、释迦牟尼、墨子、林肯、孙中山等人，都是神，都是品格最崇高的人。

神的行为方式有种种风貌，他们可能以学问、以宗教、以政治、以各种工作为人群而奉献自己；可是基本上都是从"无私"出发的。神和一般人相比，犹如石中之玉。神性的人似乎把人性中最好的成分集于一身，再加上他们有高远的人生识见，于是就造成了品格最崇高的人。可是，神生活在人间的时候，总是平凡得让人不易觉察而不知加以敬重。

兽是什么？兽是性格最劣等的人。一般人骂缺少人性的人为"禽兽"，其实，真正的禽兽比"性格最劣等的人"还好得多哪！禽兽大多合群，亲子之间的感情很浓，即使为了自卫或生存而有攻击的行动，这种行动还有极限。人呢？假如他丧尽天良就会六亲不认，一切行为以自己的利益为出发点，把自己的快乐建立在别人的痛苦上；至于大奸巨恶，利用政治权力而危害整个社会人群，更是把"自私"的劣根性发展到极点。这些性格最劣等的人，不是比禽兽更狠毒凶残么？

神和兽是人性中的两极端。神固然少有，兽也不太多，绝大多数的人，本性是神和兽的混合物。所谓好人和坏人之别，不过是神性和兽性混合的比例不同而已！

正因为人性中有神性的成分，所以人皆有是非之心和羞恶之心，都希望能够"伟大"或"崇高"。正因为人性中有兽性的成分，所以人皆有七情六欲，有自私和贪婪的一面。

我们不必要求别人"十全十美"，那几乎是不存在的一种理想人物。也不应该随便指责别人十恶不赦，往往群起指责的人，并不见得真正罪大恶极。对于一个人的是非之辨，千万不能陷入"善"和"恶"的二分法之中。我们不妨比较一下他的性格所含的神和兽两种成分：假如神性以正数表示，兽性以负数表示，二数相加之后，其总值是正的，他就比较好；其总值是负的，他就比较坏。正值愈大，愈好；负值愈大，愈坏。对于人性分析，这可能是接近真实的考察方法。怎样了解他的神性和兽性呢？别听他的语言，从语意学的观点来论，任何语言都是宣传，愈美的语言宣传的可能性就愈大。我们了解一个人，要看他的生活、行为和动机，从这三方面考察，增进"公益"的就是好，损害了"公益"的就是坏，好与坏的分别就是公与私的分别。能够这样考察，不论他说得多么漂亮，也没法子掩盖他内在的真相。

当然所谓善恶或神兽的成分，在人的品格中并不全是天生的，也不是不可改变的。尽量提升人性中神的成分，压抑人性中兽的成分；使公益心成为生活的信条，自私心成为无损于人的小疵，这应该就是教育工作的主要课题，也是个人修养的基本要求吧。

岁月的力量

导 读

人是否能对事物有所察觉与事物运动的速度有极大的关系，如一只鸟从你面前飞过时，我们很容易发现它；对日出、日落等景观，我们还可以借助于大海、山峰等一些自然背景观察到，而花草树木的生长就不容易被我们察觉了。自然和社会的渐变现象不太容易觉察这个道理，实在也是人生沧桑和思维行为变化的普遍规律。当父母某天不能容忍，甚至痛恨自己儿女的某种不良行为时，却不知这种行为是由日积月累的渐变而成的。

当你的发梢不知何时变得灰白，当皱纹不知何时悄悄地爬上你的眼角的时候，你可能才会感叹岁月时光渐变的作用。中国古代贤哲早就认识到了渐变这个改变人的思想与行为规律的作用。《易经》里说："善不积，不足以成名；恶不积，不足以灭身。"孔子也说："习以成性。"孟子说得更具体："鸡鸣而起，孳孳为善者，舜之徒也；鸡鸣而起，孳孳为利者，跖之徒也。"人的性格、气质、情绪反应方式、话语方式等品行都是日常点滴行为不断累积和习得的结果。你不妨反思一下自己的或自己孩子的某些不合适的观念和行为方式，它们究竟是从何时、由何事开始而形成的？这些不良行为的形成与自己或自己身为父母的哪些态度和行为有关?

渐变既使我们淡忘了巨大的痛苦，也使我们忽视了点滴的言传身教的重要性，以及不良行为和恶的由渐成巨的滋生；渐变既使我们忘记了人生的有限性，不知不觉耗费了不可复返的时间，也使我们轻视了点滴努力的必要性。渐变既是事物从微弱到壮大，也是从强盛到衰落的自然规律；既是塑造新行为，也是改变不良行为的治疗原理。事物变化的微分，最终将导致质变的积分。有古诗曰："蜗牛角上争何事？石火光中寄此身。"一个人只有看透了人生的有限性，才能彻底消解心中任何的怨恨与矛盾，才能在渐变中看到突变，在刹那间看到永恒。

如果你曾很想实现什么愿望而并没有达成，那么，请你立即从现在起开始做第一件与此相关的事！"想"或"我知道"永远不可能实现愿望，只有实践才能带来解决问题和实现美好愿望的希望。

我们既要防微杜渐，又要明察秋毫。

阅读材料 ☆

渐

◎丰子恺

使人生圆滑进行的微妙的要素，莫如"渐"；造物主骗人的手段，也莫如"渐"。在不知不觉中，天真烂漫的孩子"渐渐"变成野心勃勃的青年；慷慨豪侠的青年"渐渐"变成冷酷的成人；血气旺盛的成人"渐渐"变成顽固的老头子。因为其变更是渐进的，一年一年地、一月一月地、一日一日地、一时一时地、一分一分地、一秒一秒地渐进，犹如从斜度极缓的长远的山坡上走下来，使人不察其递降的痕迹，不见其各阶段的境界，而似乎觉得常在同样的地位，恒久不变，又无时不有生的意趣与价值，于是人生就被确实肯定，而圆滑进行了。假使人生的进行不像山坡而像风琴的键板，由 do 忽然移到 re，即如昨夜的孩子今朝忽然变成青年；或者像旋律的"接离进行"地由 do 忽然跳到 mi，即如朝为青年而夕暮忽成老人，人一定要惊讶、感慨、悲伤，或痛感人生的无常，而不乐为人了。故可知人生是由"渐"维持的。这在女人恐怕尤为必要：歌剧中，舞台上的如花的少女，就是将来火炉旁边的老婆子，这句话，骤听使人不能相信，少女也不肯承认，实则现在的老婆子都是由如花的少女"渐渐"变成的。

人之能堪受境遇的变衰，也全靠这"渐"的助力。巨富的纨绔子弟因屡次破产而"渐渐"荡尽其家产，变为贫者；贫者只得做佣工，佣工往往变为奴隶，奴隶容易变为无赖，无赖与乞丐相去甚近，乞丐不妨做偷儿……这样的例子，在小说中，在实际上，均多得很。因为其变衰是延长为十年二十年而一步一步地"渐渐"地达到的，在本人不感到什么强烈的刺激。故虽到了饥寒病苦刑笞交迫的地步，仍是熙熙然贪恋着目前的生的欢喜。假如一位千金之子忽然变成了乞丐或偷儿，这人一定痛不欲生了。

这真是大自然的神秘的原则，造物主的微妙的功夫！阴阳潜移，春秋代序，以及物类的衰荣生杀，无不暗合于这法则。由萌芽的春"渐渐"变成绿荫的夏；由凋零的秋"渐渐"变成枯寂的冬。我们虽已经历数十寒暑，但在围炉拥衾的冬夜仍是难于想象饮冰挥扇的夏日的心情；反之亦然。然而由冬一天一天地、一时一时地、一分一分地、一秒一秒地移向夏，由夏一天一天地、一时一时地、一分一分地、一秒一秒地移向冬，其间实在没有显著的痕迹可寻。昼夜也是如此：傍晚坐在窗下看书，书页上"渐渐"地黑起来，倘不断地看下去（目力能因了光的渐弱而渐渐加强），几乎永远可以认识书页上的字迹，即不觉昼之已变为夜。黎明凭窗，不瞬目地注视东天，也不辨自夜向昼的推移的痕迹。儿女渐渐长大起来，在朝夕相见的父母全不觉得，难得见面的远亲就相见不相识了。往年除夕，我们曾在红蜡烛底下守候水仙花的开放，真是痴态！倘水仙花果真当面开放给我们看，便是大自然的原则的破坏，宇宙的根本的摇动，世界人类的末日临到了！

"渐"的作用，就是用每步相差极微极缓的方法来隐蔽时间的过去与事物的变迁的痕迹，使人误认其为恒久不变。这真是造物主骗人的一大诡计！这有一个比喻的故事：某农夫每天早晨抱了犊而跳过一沟，到田里去工作，夕暮又抱了它跳过沟回家。每日如此，未尝间断。过了一年，犊已渐大、渐重，差不多变成大牛，但农夫全不觉得，仍是抱了它跳沟。有一天他因事停止工作，次日就再不能抱了这牛而跳沟了。造物的骗人，使人流连于其每日每时的生的欢喜而不觉其变迁与辛苦，就是用这个方法的。人们每日在抱了日重一日的牛而跳沟，不准停止。自己误以为是不变的，其实每日在增加其苦劳！

我觉得时辰钟是人生的最好的象征了。时辰钟的针，平常一看总觉得是"不动"的，其实人造物中最常动的无过于时辰钟的针了。日常生活中的人生也如此，刻刻觉得我是我，似乎这"我"永远不变，实则与时辰钟的针一样的无常！一息尚存，总觉得我仍是我，我没有变，还是流连着我的生，可怜受尽"渐"的欺骗！

"渐"的本质是"时间"。时间我觉得比空间更为不可思议，犹之时间艺术的音乐比空间艺术的绘画更为神秘。因为空间姑且不追究它如何广大或无限，我们总可以把握其一端，认定其一点。时间则全然无从把握，不可挽留，只有过去与未来在渺茫之中不绝地相追逐而已。性质上既已渺茫不可思议，分量上在人生也似乎太多。因为一般人对于时间的悟性，似乎只够支配搭船乘车的短时间；对于百年的长期间的寿命，他们不能胜任，往往迷于局部而不能顾及全体。试看乘火车的旅客中，常有明达的人，有的宁牺牲暂时的安乐而让其座位于弱者，以求心的太平（或博暂时的美誉）；有的见众人争先下车，而退在后面，或高呼："勿要轧，总有得下去的！""大家都要下去的！"然而在乘"社会"或"世界"的大火车的"人生"的长期的旅客中，就少有这样的明达之人。所以我觉得百年的寿命，定得太长。像现在的世界上的人，倘定他们搭船乘车的期间的寿命，也许在人类社会上可减少许多凶险残惨的争斗，而与火车中一样的谦让、和平，也未可知。

然人类中也有几个能胜任百年的或千古的寿命的人。那是"大人格"，"大人生"。他们能不为"渐"所迷，不为造物所欺，而收缩无限的时间并空间于方寸的心中。故佛家能纳须弥于芥子。中国古诗人（白居易）说："蜗牛角上争何事？石火光中寄此身。"英国诗人 Blake 也说："一粒沙里见世界，一朵花里见天国，手掌里盛住无限，一刹那便是永劫。"

不要敷衍自己的人生

　　无论是从社会医学，还是从心理健康学的角度来看，生活方式是评价生活质量的基本指标。但与其说每个人的生活方式不一样，还不如说是各人在如何理解生活的内涵上有别。

　　有人活得肤浅，对生活缺乏意义感。没有信念，没有理想，没有责任，爱过很多次但绝不会为谁爱得死去活来，对哲学敬而远之，不作任何承诺，不为健康牺牲嗜好，这是一种无根、随波逐流、价值多元且变动不安的"飘"的意识状况。

　　有人活得狭隘，无知而偏执。如对膜拜者执着痴迷，如球迷、歌迷、影迷，乃至宠物迷，他们常常一叶障目，寡见少闻，而顾盼自雄。一些具有专业知识的高级知识分子之所以对一些歪理邪说顶礼膜拜，与其对宗教文化的无知莫不具有极大的关系，这其实是一种菲薄自我的表象。

　　有人活得低级。生活中不乏尔虞我诈、吹牛拍马、两面三刀、狗仗人势、忘恩负义的小人，他们买官卖官、欺上瞒下、玩弄权术，使公仆的形象受辱，他们虚伪的爱、功利的爱和兽性的爱使人类向往的崇高之爱蒙羞。

　　人的生活若没有"深度"就没有意义，若没有"广度"就不够

人生是一首未完成的诗

精彩，若没有"高度"就没有境界。不妨检查一下我们自己生活的内容、生活的程度、主要行为的频率及观念：我们是否以为赚了很多钱就实现了人生的价值？是否以为买了一架钢琴就是有了文化品味？是否以为做了某级干部就高人一等？是否以为读了博士就博学多闻？是否以为升了教授就成了权威？我们是否在整天忙碌的工作中疏忽了对亲人的爱？我们是否因为重名利而累垮了身体，没有时间看电视、听广播、欣赏自然、与亲人通电话，而我们好像以为这就是十足的敬业者？其实想一想，我们不正是用孤陋寡闻来换取一些毫无意义的功名利禄吗？我们曾几何时已经对星空、高山、江河湖海不再激动？对周围人的生死病痛变得没有感触？

现在，我们不妨来一次认知方式的转换练习：埋头专业的固执己见也许就是孤陋寡闻；争名夺利也许就是寿命的缩短；声色犬马的追求也许形同走兽……生活有了广度就会丰富多彩和快乐，有了深度就有了质量和意义，有了高度就会感到充实而幸福。

阅读材料 ★☆

谈谈人生

◎李霁野

我觉得我们的生活应当具备三个条件。第一个条件是"深"。我们知道，要想培植奇花异木，浅土薄沙是不行的，暖房养出来的花草因为得天不厚，所以特别容易枯谢。海水因为深，所以能掀起巨浪，而且在深处藏着珍珠。只在浮面上过生活的人固然吃不到什么酸苦，但也尝不到什么甘乐；在他们的口里，人生只是淡淡的，没有什么大不了的味道，眼泪固然不多，笑也是浮在脸皮上的。这些人根性薄，他们的根不在人间，我们就让他们飘空，不谈也罢。

要使生活深，我想第一不能敷衍。见面只谈谈"今天好大雾"或"昨夜月亮好"，"菜油五百一斤"或"黄金几万几两"，"张三下台"或"李四登场"——我想大概谈不到是什么深交。可是许多人所谓友谊，大概是不过如此。今天你请我吃一餐饭，明天我请你喝一回酒，也许是怪有趣的热闹生活，不过我不知道这人情有怎样的深度，也许他们彼此心照吧。

这样的待人，我想是不够的；这样的接物，我想也不够。有些人只消几句话便露了底，因为他们原没有深；有些物一目了然，因为没有什么可以深究。但是这样的，我想是少数，也愿意是少数。想使生活不属于这少数，我们要处处不敷衍才办得到。人性中有许多宝藏，万物有许多的奥妙，只有向深处探讨的人才可以欣赏，可以发觉。这些可以增加我们自己生活的深，是用来观照我们自己生活的好材料。

我记得在一篇谈散步的文章里，有着这样意思的几句话：要认识、喜爱岩石，我们非紧紧蹲伏在上面不可；山上的树或草根，在我们攀山时帮助我们上去一次之后，我们对这样的植物便觉得亲切起来了。不将脚跟和手指钻进苔藓的陆岸的人，不知道水和日光会使它发出怎样奇妙的香味。这样的接物不是敷衍的，他的经验才深。

要使生活深，第二我觉得不能畏惧。我们的教育大体是以畏惧作基础的。孩子顽皮或夜哭，母亲总要说"麻胡子来了"一类的话。最近我还听到人用拍墙或装怪声做手段，骇孩子不哭。稍大怕鬼，再大怕人。总之，一怕百事大吉。罗素（Bertrand Russell）说西洋的男子存心将女子胆子教小，以保持他们优势的

保护者的地位。我们倒是男女平等的。

其实，这也怕，那也怕，还活着干什么呢？你们看林间的果实，它们是怎样生长起来的！今天风吹，明天雨打，经不起的或者早早落地，或者中途发酸枯死，只有那些不怕风吹雨打的，最后才变甜变成熟。躲躲闪闪，怕这怕那的人，最多不过成一颗酸果，早点落地，倒也是好的。所以怕是要不得的。

有些人愿意生活中只有快乐，只有幸福，对于痛苦却畏如蛇蝎。这和天天只吃糖果过活的人一样，若是能活下去的话，牙齿要坏，胃口也不好。我是宁愿给蝎子咬一口的，而且我向诸位担保，这是并不恶的经验。蛇，有机会再尝试。除糖之外，用点酸辣咸苦作调味，用不着我奉劝，诸位已经在实行了。在生活中也要这样。不敢深味人间苦的人，也不能深味人间的快乐。人间苦是净化我们生活的火焰，想生活有深底的人，不怕在火焰里燃烧！诗人勃朗宁说得好：

Be our joys three-parts pain!
Strive，and hold cheap the strain。
（让我们的快乐四分之三是痛苦，
努力罢，费劲也毫不在乎。）

第二个条件是"广"。要想生活广，我觉得一个人必须有一种中心工作。这种中心工作，你可以终生从事。在准备的时期中，不要将自己限在狭小的范围里面，要使自己知道的方面尽量的多。中国所谓先博后约，英文所谓know something of everything before you know everything of something 都是这个意思。自然，这不是说乱糟糟杂凑一些知识。这样塞些不曾消化的材料算不了博，当然也谈不上约。光怀着图一时实用的目的求知识，也算不了最高意义的求知。想在工作上胜任愉快，往往需要许多表面毫不相关的知识。现今以学问作基础的工作都高度的专门化了，从事这种工作的人往往太缺乏常识，不能不说是一种缺陷。前些年有一个大学教授，对当时青年们讨论得很热闹的问题毫无所知，说是查遍《大英百科全书》，找不出一点影子，所以莫名其妙，大发了一阵牢骚，一时传为笑话。一两年前听说过一个故事：一位经济学专家听几个人谈到陶渊明不为五斗米折腰，他大为惊讶地说："当今居然有这样有气节的人呀！"你也可以说，这是对工作无用的知识，不知道并没有什么要紧。是的，倒没有听说过因此扣薪的事。不过，就是无实际用处的知识，也是越多越好。记得吉辛在他的《四季随笔》里说过，知道一种野花的名字以后，便觉得彼此亲切得多了。我常常叹息自己关于花鸟知道得太少，虽然我向来不教博物。

中心的工作是重要的，和中心工作有关无关、有用无用的知识也重要。多一点知识，就容易多一点愉快的经验，也就是生活广一点。我说到花和鸟，只是随便举一个例子罢了。其实中心工作以外的兴趣，种类多得很，各人可就心爱的选择。这些兴趣也就是消遣，它们可以使人的身心得到舒散，得到休息。种类越多，生活的范围也就越广。自然不能喧宾夺主，以这些兴趣作主要的生活。

除了工作和工作以外的兴趣，我们要充分从我们的环境中，吸收可以增广生活的材料。第一我们要接触人。认识了解我们的同辈，以他们作借镜，可以增加我们生活多方面的知识和经验。圣慈伯里（Saintsbery）说，每一个人的生活无论怎样平庸，都有写成一本好书的材料。所以从人的观察和认识，我们可以有许多的珍贵收获。

第二我们要接近大自然。牛顿（Isaac Newton）看苹果落地而发现了地心吸力的故事，已经是人人周知的了。我们的诗人陶渊明和王维的田园诗，也几乎是家传户诵的。对于科学家，对于诗人，大自然都开辟了一个新天地；他们的生活也就成正比例地增广。我们不能期望人人成科学家，成诗人，但是在我们的天赋和能力的范围之内，我们也未尝不可以得到许多宝贵的经验；多一分经验，生活也就是增广了一分。有许多经验非亲自尝尝，不知道真味，而且虽经别人道破，我们仍然是隔膜。我们现在讲的是大自然，我就试举两个小小的例子。

王维有句诗，"鸟鸣山更幽"是传为佳句的。我原来也喜欢这一句诗，但觉得亲切，是在身临其境之后。有一次下午，我在北碚一处山间散步，幽静极了，几乎针落地都可以听到。我静静地站着，突然听到一声鸟鸣，我便立刻记起这句诗。有一次就在我们学校后面的山谷里散步，一声鸟鸣打破了空谷的沉寂，我也有同样的感觉。这以后，"鸟鸣山更幽"不仅是传诵的佳句，却也成了我的一点很亲切的经验了。

离学校不远有一棵很大的桐树，多数同学大概是看到过的。有一天黄昏我去看桐花，时时有几朵花轻轻地飘落。苏轼的一首词里面有"落花寂寂"的句子，这时我才亲切地感觉到这意境。可惜我不是诗人，不能用文字将这时的情绪表达出来；不过这点小小的经验，我觉得是很可以珍惜的。我们住在乡间，也许有人觉得是鄙陋，是苦事吧。但在能善于吸收环境中精华的人，类此或更好的经验可以常常有。这不能不说是一种广，一种丰富。

除了自然的环境之外，社会政治的事件中也尽有增广我们生活的材料。活在人间，闭眼无视社会的现象，那就同坐在井里一样，所看到的天是不会大的。这样的生活谈不到广。你若有一点想象力，从报纸上的一条社会琐闻，也往往可以看出许多有深远意义的问题。例如，这几天的报纸登载一则教授失踪的新闻。诸位试想，大白天里，无鬼无妖，一个人会凭空无影无踪，岂不比一部侦探小说远有趣味吗？不过，多年前有些小孩子，因为读迷了"小人书"，竟结伴去寻仙求道，有的甚至于没有了下落。太注意侦探小说一样有趣的事件，诸位怕也会迷路，甚至"自行失足落水"，还不如闭起眼睛来福气福气吧。

附近有一个女子投水自杀，诸位大概是听说的。据说是情死。她所爱的男子被他姐姐阻止，不准和她结合。她没有家世，手边恐怕也没有金条，所以死去不多时，这场人间的悲剧也就随着流水过去了。这个近在眼前的例子，是不是很可以引发我们的深思？

听说现今的青年们有很多"玫瑰色的梦"和"天鹅绒的悲哀"。这样的梦，我想大概很可爱。这样的悲哀一定又软又柔，不比糖果难吃。很好的。不过，不要忘记了，人生坐在天鹅绒上的时候少，坐在针毡上的时候多。避开现实，只坐在天鹅绒上的人，是经不起一针的怯弱者。爱玫瑰也不要忘了刺！不然刺一扎了手，便泪眼朦胧，连玫瑰也看不清楚了。

一个人若不自限在太小的范围之内，随处的风俗人情都可以供我们观照。现在快过年了，处处都可以看到用猪头祭祖。用三牲祭祀，本来是很普通的事了，似乎也没有什么可惊奇的。不过，是怎样起源的呢？你从此可以追溯到野蛮人的人祭（human sacrifice），那就不是很平凡的事了。

从头我想到帽。现在有人遇到你们不脱帽，你们大概会怪他不敬吧。为什么呢？习惯。不错的。怎样来的习惯呢？却有一段有趣的历史。以前的贵人外出，是要有人打伞给遮住太阳的，这情形你们从中国的旧戏中还可以看得到；贫贱的人只合挨晒，不准享受这样的特权。以后伞变为帽，贫贱的人也可以戴了；但没有阔气惯，所以一遇贵人，仍然恭恭敬敬地脱去，表示不敢僭越的意思。渐渐脱帽就变成表示恭敬的礼貌了。

你们戴耳环指环，觉得是很好的装饰。我们也非打起领带来不可。不过诸位要原谅我说实话，据说环是表示奴隶所有权的遗物。领带的祖先是贵族，据说是从武士甲胄上的护胸物变出来

的。我们的装饰比你们高贵得多了。

尊重国旗，已经成了近代国家的普遍习惯了。这也有一段有趣的故事。胎儿降生的时候，胎衣和脐带一同脱离亲体。原始的人相信国王和他的胎衣是双生的，在母体中有助他的成长，出了母体也还是暗中保护他的。所以埃及的国王出巡时，胎衣挂在旗杆上，脐带下垂着，有人举着在他眼前行走，作为一种保护。这渐渐演变为旗帜。近代的国旗便是从这里脱胎的。

在近代的学校里，球戏是很平常的了。据说这也起源于古埃及。在新王行加冕礼时，演一种生与死斗争的剧，故王的木乃伊代表死的方面。以后仅用木乃伊的头来代表，再以后又改用球形的东西代替了头。生与死争夺这球形的东西演变为各种近代的球戏。诸位玩球时，大概是没有想到的吧。

所以接触人，接近自然，留心社会政治事件，观察风俗人情，都可以增广我们的生活。

生活的第三个条件是"高"。我所谓高，是超出小我的意思。能使人超出小我，达到生活的高的，有几件事，第一是友谊和爱。真正的友谊是珍奇的，不会用敷衍和应酬得来。它可以教给你知道，不，教你感觉到慷慨、宽宏、同情、互助等高贵的感情是怎样的。它可以使你对人性增加信心，感觉人间的温暖；它是雨天的阳光，不幸时的鼓励和安慰。它可以培养你性灵中的善、美、真，并使你追求人生一切高尚的东西。知道友谊是什么的人，不会自私自利，因为友谊使他超出了自我的小范围。

我说的爱是广义的，最有力的当然是父母对于子女和两性之间的爱。讲起父母的爱，我想起一件小事，虽然近二十年以前了，印象还是很清楚。我在一个医院里，一位抱着刚生的婴儿的母亲，坐在手推的二轮车上从我的身边过去。她看着孩子微笑——我想这微笑足可以和蒙娜丽莎（Mona Liza）的微笑媲美。这是一秒钟就过去的事，但是在我看来比许多国家国际的大事还不容易忘记。在这时刻，她是达到了生活的高了。

两性的爱是使人超出自我的最大的力量，我已经有机会和诸位略略谈过了。最近我们在班上读了一首勃朗宁夫人（Elizabeth Barrett Browning）的十四行诗，开首的四行是这样的：

> How do I love thee?Let me count the ways.
> I love thee to the depth and breadth and height
> My soul can reach，when feeling out of sight
> For the ends of being and ideal Grace.
> （我怎样爱你呢？让我来计算我的爱法。
> 追求着宇宙的意义在无限中探寻，
> 那时我的灵魂所能达到的高、广、深，
> 我就以这样的程度爱你呀。）

这样的境界有高，也有深。

我们的诗中，也不乏歌咏高深爱情的作品，我只从汉朝的《铙歌》中举一例：

> 上邪！我欲与君相知，长命无绝衰。
> 山无陵，江水为竭，
> 冬雷震震，夏雨雪，
> 天地合，乃敢与君绝。

不幸在中国爱情被礼教摧毁，我们的诗歌也蒙受了无法估计的损失。

还有使我们超出小我，达到生活的高的，便是对理想和真理的追求。诸位知道希腊有关于普罗米修斯（Promethues）的神话，说他从天上偷火到人间，保全了人类，大神宙司（Zeus）因

人生是一首未完成的诗

29

此严惩他，可是他始终绝不屈服。这种崇高的境界，历史上许多为真理而献身舍命的人，都是达到了的。他们所拿的火种，无论是火柱、断头台、电椅、西伯利亚，或大刀，都扑灭不了。匈牙利爱国诗人裴多菲有这样一首诗：

> 生命诚可贵，
> 爱情价更高；
> 若为自由故，
> 二者皆可抛。

所写的也就是这样的崇高境界。

鲁迅在《中国人失掉自信力了吗》这篇文章中，赞为"中国的脊梁"的那些历史上的和当代的有名无名的人物，也为万世所景仰。我们要向这样的崇高境界攀登！

孔子说："未知生，焉知死！"我却将他的意思转变一点说："未知死，焉知生！"

最后，我觉得宗教的感情也可以使我们达到生活的高。我不是说有任何仪式或外表的宗教，而且我的意思并不和我开头所说的基本观点冲突。我觉得英国的思想家霭理斯将宗教的感情解释得最好。他说忘记了狭小的自我界限，觉得灵魂扩大了，便是宗教。仰视疏星朗月的天空，瞭望白浪滔天的海洋，一泻百丈的瀑布，或蜿蜒千里的江河，觉得灵魂和大自然一致了，我想就是这样的境界罢。

我们在世间的生活总难免有重重的躯壳，只有友谊、爱情、理想和真理，可以帮助我们将这些躯壳打破。要想我们的生活达到崇高的境界，重重的躯壳非打破不可。

生活有了高、有了广、有了深，才可以说是充实的。只有充实的生活才可以消除因空虚而引起的嫉妒和恶意。所以我们要想建起地上的乐园，必须拿有高、有广、有深的生活作基石。

有人将人生比作古希腊的火炬竞走，是颇有意味的比喻。我们从黑暗中来，一闪就回到黑暗中去。我们的责任是从以前的人手中接过火炬，再将它传给后来者。使火炬不熄灭，或更进一步增加它的光，这便是人生的意义和价值。

(原题为"浅谈人生"，这里是节录)

人生是一首未完成的诗

活着并不为了什么

导 读

　　许多人非常努力地学习和工作，这原本无可指责，可是，这些人总抱怨十分辛苦或精神压力大，究其原因，原来是这些人心中总抱有一些"远大的目标"，或是升官发财，或是功成名就。这些人以为只有达到了那个目标时才会有轻松、享受和幸福的生活，而忽视了对奋斗过程中的快乐和意义的体验。所以，这些人要么难得有真切的快乐，要么永远没有快乐。

　　神经症患者常有过高的理想或目标，并为这些不切实际的目标而焦虑。他们并不是能力太低，而是人为地造成能力与目标之间的张力过大，换而言之，他们生活的功利性或目的性太强。

　　如果你愿意放弃为一些目标而学习和工作的想法，顺其自然地生活，也许你马上会感到轻松许多。

　　你不妨试一试，也许放弃或转变一种原先固执己见的认知，即可进入一个新的人生境地。人生是一个过程，在这个过程中我们实现了自己的价值，展示出自己的才能，体验到奋斗的艰辛、乐趣和生活的滋味。热爱当下的每一天，过好每一天，享受每一天，就是一个幸福快乐的人。

　　如果你对未来总感到焦虑，对并没有来临的任务总抱有恐惧，那么，你可以按照如下准则生活，那就是：永远只需过好今天！其实，等那令人恐惧的明天真正到来时，它又已经成了今天。

活着并不是因为有目的，当实现目标的希望破灭时，一些人选择了自杀；另一些人在赚足钱后会突然感到抑郁，被无意义感所困扰，这些人就是将目标当作人生的全部意义了。活着本身就是生命的全部，而生命就是过程，在过程中自然而然地实现人的需求，展现生命的本原，活着就很好。其实，目的只是一些人对未来的憧憬而已，它是一些人活着和奋斗的鼓舞力量和诱惑源泉，但它绝不是活着的理由。

人生不是一个目的

◎傅东华

人生是一个过程，不是一个目的。

唯其不懂得这个原则，所以多数人为着妄想去达到他们所假定的目的，以致他们的一生大部分成了空白。我想这是大大犯不着的事。

从前的读书人牺牲了"窗下十年"，为的要一旦"飞黄腾达"。我并非说这"窗下十年"犯不着牺牲，是说这十年辛苦有它本身的价值，不单是一旦"飞黄腾达"的手段而已。如果单单认为一种手段而不认识它本身的价值，那么这十年生活真是一张空白了。

已经飞黄腾达之后，再去回味窗下的十年，犹之结婚之后再去回味恋爱的生活。因有这回味，便足以证明当初的生活有它本身的价值，也因有这回味，便足以证明你当初未曾充分认识那价值。

在动荡的现代，这个原则的应用似乎尤其重要了。因为在安定的社会里，人的一生还多少可由自己操纵；你所努力奔赴的所谓目的，一旦达到之后，也至少可以暂时地稳定。如今在剧变的潮流中，你能拿着罗盘指定你一生的方向始终不变吗？即使已经到达你的"彼岸"，你能包得住不再被冲击到别处去吗？唯其不能，所以愈加要了解这个原则。

你倘若曾和中年以上的人做朋友，你总曾听见下列的典型对话：

"多年不见了，听说你近来混得很好。"

"哪里哪里！还不是连年亏空。听说××很不错。"

"是的，他至少生活是解决了。"

这所谓"生活解决"，无非就是不用做事也可生活的意思。这个"生活解决"，在青年时代或者不是迫切的要求，在中年以上的人，却正是他们所谓"人生的目的"。你说这目的太平凡吗？然而一个社会里究竟有几个人能免俗！而事实上，就是这样平凡的目的也已经是现代生活的一种迷梦了。因为这种"生活解决"和"身后萧条"的比例，你总可以想象得到的。

因生活不解决而苦闷到死，虽属很普遍的现象，实则都由不解人生的本质所致。

人生本是一个过程，它的"解决"就是死。

人生的意义就在这个过程中。你要细细体认和玩味这过程中的每节，无论它是一截黄金或一截铁；你要认识每截的充分价值。人生的丰富就是经验的丰富，而所谓经验，就是人生过程中每个细节之严肃的认识。

宗教家认为整个人生都是到另一生活的手段，原是害人不浅。一般人认为前半世生活是后半世生活的手段，也同样害人不浅。

谁抱着传种的目的而行性交呢？据我所知，这样的性交十有八九不能传种。

雕塑家和画家的最后目的在于具体的雕像和画图罢？然而倘没有雕塑和绘画过程中所感着的趣味，肯做雕塑家和画家的人恐怕要不多罢。

但是音乐和人生尤其相似。当音乐家演奏时，每个声音的发出时必都伴着他自己的情绪的反应。及待曲终，情绪的反应也就终止。音乐只是一个过程，人生也只是一个过程。哪里有过一个完全机械的音乐家呢？

但是体认过程和"委命"、"随他"完全不是一件事。所以过程论的人生观绝不是消极的——反之，却是积极的。

人生是一首未完成的诗

尘世就是唯一的天堂

神经症患者实际上往往是不适应社会的"另类人"，这并不是说他们外表真的与众不同，而是说他们常常自以为与旁人不一样，要么认为自己怀才不遇，自视清高；要么认为低人一等，总遭别人白眼；要么觉得自己的想法或感受离奇古怪，把不是问题的问题当作问题，把人生看得太复杂、太深奥、太高贵。疑病症、恐惧症的人常不自觉地将自己的身体健康或生命看得无比重要，其实这正是他们自寻烦恼的根源。他们不是在观赏别人，而是在注视别人对自己的看法，以为天下的人都没有事干似的，自己的一举一动都会惹人注意，因而有莫名其妙的焦虑和恐惧。

用善恶是非的尺度来看待人生，这是大多数人的习惯，但其结果无非是引来一阵情感的冲动和激愤的言辞。精神分析学家卡伦·荷妮认为，不同种类的敌意冲动正是神经症焦虑产生的主要原因。然而，神经症患者总是在压抑和否认这种敌意冲动，并将其转移或投射到其他事物或人物身上。压抑敌意就会不可避免地产生焦虑，而焦虑会表现出无限多样的形式。如自己有会从高处跳下去的担心；或有用刀子伤害别人的恐惧等。这就是说，焦虑并不产生于对冲动的恐惧，而是产生于对我们受压抑的冲动的恐惧。

到目前的认识水平为止，浩瀚的宇宙中似乎只有地球上产生了人类，美丽丑陋、善恶是非亦全是地球上人类社会中的事情，我们不要妄想天上还有一个没有剥削、没有竞争、没有欺诈，只有公平、幸福、快乐的天堂。事实上，世俗社会就是我们人类生存的唯一空间。所谓的天堂，其实就是一个人冷眼看世界，并保持心境净化的一种境界。

许多人自感痛苦却不知自己痛苦，是因为他们总以为天堂在尘世之外。其实，不在生活以外寻求生活的方法，不在生活以外寻求生活目的，才是从痛苦中解脱的正确方法。生活自身也就是目的，尘世就是唯一的天堂！马克思说："宗教是人的本质在幻想中的实现。"既然"宗教的根源不在天上，而是在人间"，如果要"废除作为人民的虚幻幸福的宗教，就是要求人民的现实幸福。要求抛弃关于人民处境的幻觉，就是要求人民抛弃那需要幻觉的处境"。可见，人们关于尘世的看法或信仰也是宗教和邪教现象的心理根源之一。

阅读材料 ★☆

我看人生

◎朱光潜

我有两种看待人生的方法。在第一种方法里，我把我自己摆在前台，和世界一切人和物在一块玩把戏；在第二种方法里，我把我自己摆在后台，袖手看旁人在那儿装腔作势。

站在前台时，我把我自己看得和旁人一样，不但和旁人一样，并且和鸟兽虫鱼诸物类也都一样。人类比其他物类痛苦，就因为人类把自己看得比其他物类重要。人类中有一部分人比其余的人苦痛，就因为这一部分人把自己看得比其余的人重要。比方穿衣吃饭是多么简单的事，然而在这个世界里居然成为一个极重要的问题，就因为有一部分人要亏人自肥。再比方生死，这又是多么简单的事，无量数人和无量数物都已生过来死过去了。一个小虫让车轮压死了，或者一朵鲜花让狂风吹落了，在虫和花自己都决不值得计较或留恋，而在人类则生老病死以后偏要加上一个苦字。这无非是因为人们希望造物真对待他们自己应该比草木虫鱼特别优厚。

因为如此着想，我把自己看作草木虫鱼的侪辈，草木虫鱼在和风甘露中是那样活着，在炎暑寒冬中也还是那样活着。像庄子所说，它们"诱然皆生，而不知其所以生；同焉皆得，而不知其所以得"。它们时而戾天跃渊，欣欣向荣，时而含葩敛翅，晏然蛰处，都顺着自然所赋予的那一副本性。它们决不计较生活应该是如何，决不追究生活是为着什么，也决不埋怨上天待它们特薄，把它们供人类宰割凌虐。在它们说，生活自身就是方法，生活自身也就是目的。

从草木虫鱼的生活，我学得一个经验。我不在生活以外别求生活方法，不在生活以外别求生活目的。世间少我一个，多我一个，或者我时而幸运，时而受灾祸侵逼，我以为这都无伤天地之和。你如果问我，人们应该如何生活才好呢？我说，就顺着自然所给的本性生活着，像草木虫鱼一样。你如果问我，人们生活在这幻变无常的世相中究竟为着什么？我说，生活就是为着生活，别无其他目的。你如果向我埋怨天公说，人生是多么苦恼啊！我说，人们并非生在这个世界来享幸福的，所以那并不算奇怪。

这并不是一种颓废的人生观。你如果说我的话带有颓废的色彩，我请你在春天到百花齐放的园子里去，看看蝴蝶飞，听听鸟儿鸣，然后再回到十字街头，仔细瞧瞧人们的面孔，你看谁是活泼，谁是颓废？请你在冬天积雪凝寒的时候，看看雪压的松树，看看站在冰上的鸥和游在冰下的鱼，然后再回头看看遇苦便叫的那"万物之灵"，你以为谁比较能耐苦持恒呢？

我拿人比禽兽，有人也许目为异端邪说。其实我如果要援引经典，称道孔孟以辩护我的见解，也并不是难事。孔子所谓"知命"，孟子所谓"尽性"，庄子所谓"齐物"，宋儒所谓"廓然大公，物来顺应"，和希腊廊下派哲学，我都可以引申成一篇经义，做我的护身符。然而我觉得这大可不必。我虽不把自己比旁人看得重要，我也不把自己看得比旁人分外低能，如果我的理由是理由，就不用仗先圣先贤的声威。

以上是我站在前台对于人生的态度。但是我平时很欢喜站在后台看人生。许多人把人生看作只有善恶分别的，所以他们的态度不是留恋就是厌恶。我站在后台时把人和物也一律看待，我看西施、嫫母、秦桧、岳飞也和我看八哥、鹦鹉、甘草、黄连一样，我看匠人盖屋也和我看鸟鹊营巢、蚂蚁打洞一样，我看战争也和我看斗鸡一样，我看恋爱也和我看雄蜻蜓追雌蜻蜓一样。因此，是非善恶对我都无意义，我只觉得对着这些纷纭扰攘的人和物，好比看图画，好比看小说，件件都很有趣味。

这些有趣味的人和物之中自然也有一个分别。有些有趣味，是因为它们带有很浓厚的喜剧成分；有些有趣味，是因为它们带有很深刻的悲剧成分。

我有时看到人生的喜剧。前天遇见一个小外交官，他的上下巴都光光如也，和人说话时却常常用大拇指和食指在腮旁捻一捻，像有胡须似的。他们说这是官气，我看到这种举动比看诙谐画还更有趣味。许多年前一位同事常常很气愤地向人说："如果我是一个女子，我至少已接得一尺厚的求婚书了！"偏偏他不是女子，这已经是喜剧；何况他又麻又丑，纵然他幸而为女子，也绝不会有求婚书的麻烦，而他却以此沾沾自喜，这总算得喜剧之喜剧了。这件事和英国文学家哥尔德斯密斯的一段逸事一样有趣。他有一次陪几个女子在荷兰某一个桥上散步，看见桥上行人个个都注意他同行的女子，而没有一个人睬他自己，便板起面孔很气愤地说："哼，在别的地方也有人这样看我咧！"如此等类的事，我天天都见得着。在闲静寂寞的时候，我把这一类的小小事件从记忆中召回来，寻思玩味，觉得比抽烟饮茶还更有味。老实说，假如这个世界中没有曹雪芹所描写的刘姥姥，没有吴敬梓所描写的严贡生，没有莫里哀所描写的达尔杜弗和阿尔巴贡，生命更不值得留恋了。我感谢刘姥姥、严贡生一流人物，更甚于我感谢钱塘的潮和匡庐的瀑。

其次，人生的悲剧尤其能使我惊心动魄。许多人因为人生多悲剧而悲观厌世，我却以为人生有价值正因其有悲剧。我在几年前做的《无言之美》里曾说明这个道理，现在引一段来：

我们所居的世界是最完美的，就因为它是最不完美的。这话表面看去，不通已极。但是实含有至理。假如世界是完美的，人类所过的生活比好一点，是神仙的生活，比坏一点，就是猪的生活——便呆板单调已极，因为倘若件件事都尽美尽善了，自然没有希望发生，更没有努力奋斗的必要。人生最可乐的就是活动所生的感觉，就是奋斗成功而得的快慰。世界既完美，我们如何能尝创造成功的快慰？这个世界之所以美满，就在有缺陷，就在有希望的机会，有想象的田地。换句话说，世界有缺陷，可能性才大。

这个道理李石岑先生在《一般》三卷三号所发表的《缺陷论》里也说得很透辟。悲剧也就是人生的一种缺陷。它好比洪涛巨浪，令人在平凡中见出庄严，在黑暗中见出光彩。假如荆轲真正刺中秦始皇，林黛玉真正嫁了贾宝玉，也不过闹个平凡收场，哪得叫千载以后的人唏嘘赞叹？以李太白那样的天才，偏要和江淹戏弄笔墨，做了一篇《反恨赋》，和《上韩荆州书》一样庸俗无味。毛声山评《琵琶记》，说他有意要做"补天石"传奇十种，把古今几件悲剧都改个快活收场，他没有实行，总算是一件幸事。人生本来要有悲剧才能算人生，你偏想把它一笔勾销，不说你勾销不去，就是勾销去了，人生反更索然寡趣。所以我无论站在前台或站在后台时，对于失败，对于罪孽，对于殃咎，都是一副冷眼看待，都是用一个热心惊赞。

(原题为"我与人生"，这里是节录)

人生是一首未完成的诗

活出味道来

　　人的情绪就像天气的变化，也像酸甜苦辣的味道，是多种多样和变化不定的。正像每天吃饭不能总是吃一道菜，只有一个口味一样，人生也绝不可能只有一种情绪状态。如果工作单调乏味，人们总是要想方设法改变一下工作环境或工作方式，或去寻找一点乐子，否则，人不仅会变得迟钝、压抑，甚至还会发疯。显然，多味的生活是正常的，单调要么是压抑的，要么就已经是病态的。我们不难发现在神经症患者身上有一种普遍的单调的枯燥乏味的生活模式：没有业余爱好，没有丰富多彩的生活，没有各式各样的人际交往。

　　神经症患者就像充满焦虑的皮球，一刻也不能安静下来，他们压抑了生活的乐趣和爱欲，而对被关爱、权力等有病态的需求，这些焦虑常常会投射到疯狂的购物、交友、请客等外化的行为上。神经症患者常有两种相反的表现：要么远离人群，因为他害怕别人发现他的敌意、软弱和自卑；要么显得非常自信，总以为比周围的人懂得多，因为他害怕被轻视和冷落。

　　嫉妒是弱者的激情，亦是神经症患者最常见的人格特征。卡伦·荷妮的看法是：与正常人害怕失去某人之爱的反应不同，病态的嫉妒者不仅害怕失去关爱达到了近乎恐惧的程度，而且有一种对爱的独占情结，有一种希望别人无条件地关爱自己的过分要求。然而，神经症患者却常常不知道自己也应该同样对别人付出关爱。神经症患者常有病态的竞争意识及希望身体、情感和生活十全十美的病态需求。祛除这些情结是净化神经症患者心灵的基础性工作。

神经症患者与正常人并没有不同的情绪，只不过会有过分的或不足的反应。补其不足，祛其有余，亦复归为正常。焦虑的背面是欲望，降低一些欲望，或放弃一些欲望，烦恼自清。

人生就像是一道菜，就看你是否能品尝出其中丰富的味道。不仅能欣赏这道菜，而且能烹调出多味菜肴的人一定是快乐健康的。

阅读材料 ★

多味人生

◎王　蒙

安　详

我很喜欢、很向往的一种状态，叫作——安详。

活着是件麻烦的事情，焦灼、急躁、愤愤不平的时候多，而安宁、平静、沉着有定的时候少。

常常抱怨旁人不理解自己的人糊涂了。人人都渴望理解，这正说明理解并不容易，被理解就更难，用无止无休的抱怨、解释、辩论、大喊大叫去求得理解，更是只会把人吓跑的了。

不理解本身应该是可以理解的。理解"不理解"，这是理解的初步，也是寻求理解的前提。你连别人为什么不理解你都理解不了，你又怎么能理解别人？一个不理解别人的人，又怎么要求旁人的理解呢？

不要过分地依赖语言。不要总是企图在语言上占上风。语言解不开的事实可以解开。语言解开了而事实没有解开的话，语言就会失去价值，甚至于只能添乱。动辄想到让事实说话的人比起动不动就想说倒一大片的人更安详。

不要以为有了这个就会有那个。不要以为有了名声就会有了信誉。不要以为有了成就就有了幸福。不要以为有了权力就有了威望。不要以为这件事做好了下一件事也一定做得好。

有人崇拜名牌，有人更喜欢挑剔名牌。有人承认成就，更有人因为旁人的成就而虎视眈眈。有人渴望权力，也有无数只眼睛盯着你权力的运用。一个成功可以带来一连串成功，也可以因你的狂妄恣肆而大败特败。没有这一面的道理，只有那一面的道理，就没有戏看了。

安详属于强者，骄躁流露幼稚。安详属于智者，气急败坏显得可笑。安详属于信心，大吵大闹暴露了其实没有多少底气。

安详也有被破坏的时候，喜怒哀乐都是人之常情。问题是，喜完了怒完了哀完了乐完了能不能及时回到安详的状态上来。如果动不动就闹腾，如果动不动就要拽住一个人，论述自己的正确，如果要求自己的配偶自己的孩子自己的下属无休止地论证自己是多么多么的好，如果看到花儿没有按自己的意愿开花结果没有按自己的尺寸长就伤心顿足，您应该寻求心理医生的帮助。

安详方能静观。观察方能判断。明断方能行动。有条有理，不慌不乱，如烹小鲜，庶几可以谈学问矣。

童年常听到一句俗语，形容一个人气急败坏为"急得抓蝎子"。如果您对，急什么？如果您差劲，越躁越没有用。动不动摆出一副抓蝎子的样子，以为这种样子可以动人唬人，实属可叹可恶。《红楼梦》里的赵姨娘就是个动辄"抓蝎子"的人，我要以她为戒。一个人的能力有大有小，至少不必活得那么痛苦，给旁人带来那么多的不快。

喜　悦

　　我不知道词典上是怎么解释汉语中表示快乐一类情绪的词眼的，我也不知道外语中是否有相应的词儿，反正对这些词儿我有一些不知道算不算独到的感觉，它们会唤起我一些特别的、互不相同的情绪。

　　高兴，这是一种具体的、被看得到摸得着的事物所唤起的情绪，它是心理的，更是生理的，它容易来也容易去，谁也不应该对它视而不见、失之交臂，谁也不应该总是做那些使自己不高兴也使旁人不高兴的事。让我们说一件最容易做也最令人高兴的事吧，尊重你自己，也尊重别人，这是每个人的权利，我还要说这是每个人的义务。

　　快乐，它是一种富有概括性的生存状态、工作状态，它几乎是先验的，它来自生命本身的活力，来自宇宙、地球和人间的吸引，它是世界的丰富、绚丽、阔大、悠久的体现。快乐还是一种力量，是埋在地下的根脉，消灭一个人的快乐比挖掘掉一棵大树的根要难得多。

　　欢欣，这是一种青春的、诗意的情感，它来自面向着未来伸开双臂奔跑的冲力，它来自一种轻松而又神秘、朦胧而又弥漫的隐秘的激动，它是激情即将到来的预兆，它又是大雨过后的、比下雨还要美妙得多也久远得多的回味……

　　喜悦，它是一种带有形而上色彩的修养和境界。与其说它是一种情绪，不如说它是一种智慧、一种超拔、一种悲天悯人的宽容和理解，一种饱经沧桑的充实和自信，一种光明的理性，一种坚定的成熟，一种战胜了烦恼和庸俗的清明澄澈。它是一潭清水，它是一抹朝霞，它是无边的平原，它是沉默的地平线。多一点，再多一点喜悦吧，它是翅膀，也是归巢，它是一杯美酒，也是一朵永远开不败的莲花。

烦　恼

　　谁能够没有烦恼呢？夸张一点说，生存就是烦恼。

　　烦恼又是生存的敌人，生存的异化，生存的霉锈。

　　痴人多烦恼，妄人多烦恼，野心家多烦恼，虚妄的欲望与追求只能带来一己的痛苦：长生不老的仙丹、点石成金的法术、一帆风顺的人生、永远属于自己的美貌、光荣与成功。一句话，对于绝无烦恼的世界与生存的渴望，恰恰成为深重的烦恼的根源，这不是一个无可奈何的讽刺吗？克服了过分的天真，克服了软弱的浪漫，摒弃了良好到天上去的自我感觉，勇敢地面对现实的一切艰难，把烦恼当作脸上的灰尘、衣上的污垢，染之不惊，随时洗拂，常保洁净，这不是一种智慧和快乐吗？而那被克服了的、被超越了的烦恼，也就变成了一个话题、一点趣味、一些色彩、一片记忆了。

　　亲爱的朋友，你的烦恼不过是入口的醇酒的头一刹那的一点苦感，真正的滋味还需要慢慢地品尝，细细地回味呢！

忌　妒

　　忌妒是一种微妙的情感，强烈而又隐蔽，自己对自己也不愿意承认，却又时不时地表现出来。忌妒很伤人，很降低人，使自己变蠢变得可笑，可悲，可厌。一个人越是掩饰自己的忌妒，就越容易被别人觉察出来。忌妒是弱者的激情，因为他除了忌妒还是忌妒，做不出什么能使自己感到自豪，使自己的心理变得平衡的事。强者以智以道德以大局为重的心胸把握自己、克制自己，以竞争心进取心改造和取代忌妒心，用光明的奋斗驱散忌妒的阴影。弱者以冠冕堂皇、滔滔不绝、气急败坏的说辞掩盖自己的报复心、恶毒心、败坏心，诽谤和中伤是他们的生活方式，渐渐地，他们活着不是为了自己要做什么，而是为了不让别人做事，不是为了自己要做出成绩，而是为了不叫别人做出成绩。据说在南亚流行着这样一个故事：上帝告诉某人，上帝可以满足他的要求，赐给他所要求的任何一样东西，条件是：给他的邻人双倍的同样的东西，这个某人想了一想，便说："神圣的上帝呀，请挖掉我的一颗眼珠吧！"

亲爱的忌妒者呀，您的眼珠可否平安？

感　伤

少年时候，我似乎颇有几分感伤。

上小学当儿，喜欢养蚕。那时北京的桑树也多，上树或者连树也不用上，就立在树下，可以摘下很好的桑叶来，把桑叶洗净，擦干，喂蚕。眼看着蚕从蚂蚁状的小虫变白，一次蜕变又一次蜕变，吃桑叶吃得这么香，这么快，这么多，令人高兴。只是觉得它们生活得太紧张，争分夺秒。未有稍懈。

最后蚕变得肥壮透明，遍体有绿，于是它吐丝了。扬头摆头吐丝怕也是很累的吧。

变成蛹，觉得令人难过，觉得是把生命收缩起来了。变成蛾子，更令人痛惜。我有多少次想喂蛾子吃点东西啊，馒头也行，白糖也行，当然桑叶也行。可是它们根本不考虑维持生命了。它们忙着交尾，甩子，干巴枯萎，匆匆结束了一个轮回。第二年虽然有许多的蚕，但已经没有原来的蚕了。

桑叶呢？所有树叶呢？多矣多矣，却也本是谁也不能替代谁的。一片树叶枯萎了，落地了，被采摘走了，对于这一片树叶来说，就不再存在了。

所以春天繁花的盛开在使我惊叹的同时也使我觉得匆迫。我常常觉得与春天失之交臂。我常常觉得这盛开的繁花是凋零的预兆。我常常觉得春天最令人惋惜，最令人无可奈何，还不如没有春天。

甚至当我把一个木片、一个纸片扔到流水里去的时候也有一种依依念念，这木片会冲向何方？这纸片将沉向何处？这一切都不是我们所能知道的。

夏天，我特别心疼那些被捉住的蜻蜓，它们扑着翅膀却飞不出去。我也心疼黄昏的蝙蝠与夜间的萤火虫，因为它们寂寞，它们不出声，我总觉得它们的生涯太缺乏乐趣。

还有中天的月亮，是那样的遥远。还有婴儿的哭声，是那样的无助。还有算命的盲人吹笛子的声音，他们的步履是何等艰难。还有各式各样的民乐小曲，那里面总饱含着悲凉。还有初秋第一次发现躺到床上没有那么暑热的时候，又是一个季节，又是一个年头，甚至还有春天时燃放的鞭炮，轰轰叭叭，然后，烟消声散，遍地纸屑……

哪儿来的这些伤感呢？

后来革命了。革命是最有力的事业。后来深知这种伤感的不健康，并笼统地称之为"小资产情调"。其实真正的小资产者——如卖袜子与开餐馆的个体户，未必是感伤的。

后来碰到了真正的挫折和坎坷。感伤反而愈来愈少了。后来都说我豁达、乐观、潇洒乃至精明。反正绝不感伤了。

感伤究竟是什么？是一种幼稚天真？是对心劳力绌的计算争斗的一种补充？是一种心理的轻微的疾患？是一种天赋？是一种享受？一条通向文学的小径？据说外国人也说，"感伤"早已经

"过时"了。

　　那就老老实实地承认吧，我有过，现在也还有过了时的那点叫感伤的东西。活到老改造到老吧，路还长着呢。

人生是一首未完成的诗

自性的重新发现

导 读 ✦✩

我们许多人都担心遗失钱财等身外之物，可从来没有想过会遗失自我。遗失自我意味着什么？意味着童真的消失、青年热忱的泯灭、性角色的异化，美好的幻想不再，个性棱角被消除，独立自主的思考变得随波逐流。自古以来，许多贤人已经意识到，在人类所有的遗失中，遗失了个性，迷失了自我，才是最沉重的遗失。因为那意味着人已经被异化。道家将婴儿视为修养的最高状态。《老子》中说："含厚德者，比如赤子。"这是因为他认为婴儿代表了精气充沛、元气纯和的状况。而人懂得了元气纯和的道理，就知道了生命的永恒规律。《冲虚真经》（即《列子》）中将人的心理发展分为四个阶段："人自生至终，大化有四：婴孩也，少壮也，老耄也，死亡也。其在婴孩，气专志一，和之至也，物不伤也，德莫加焉；其在少壮，则血气飘溢，欲虑充起，物所致功焉，德故衰焉；其在老耄，则欲虑柔焉，体将休焉，物莫先焉，虽未及婴孩之全，芳于少壮，闲矣；起在死亡，则之于息焉，反其极矣。"（《冲虚真经·天瑞篇》）

道家认为的理想人格是："和顺以寂寞，质真而素朴，闲静而不躁。在内而合乎道，出外而同乎义，其言略而循理，其行悦而顺情，其心和而不伪，其事素而不饰。"（《通玄真经》卷九）以

上标准从内心和谐到外部适应，从思维语言逻辑到行为的恰当，从道德修养到内心体验，十分全面，堪称中国文化的健康人格标准。

神经症患者大多有几层虚伪的外壳，或者说是天性、本色遗失最多的人。他们希望自己的言行表现符合理想中的标准，而当这种表现又超出自己的实际能力时，焦虑便出现了。所以不难理解神经症患者为什么会活得那么辛苦和沉重，就是因为他们背负着太多虚伪的外壳。人可以变成鬼，变成狼，变成神经病，亦可以变成神，变成君子，全都因为想超越自我，或遗失自我！道家一再将赤子之心比作道德和心理健康的最高境界，就是希望人们不要失去真我，要恢复本色。

适应环境和张扬个性的统一便是健康的人格，可那个理想自我的幻影却可能诱导我们远离社会、压抑个性，牺牲快乐和舒达。事实上，当我们的双眼为名利所遮蔽得越多时，我们本真的天性就遗失得越多。

你不妨检查一下自己的衣着打扮、自己的话语方式，看看还有几分体现自己性别的行为；反思一下自己为人处世的方式，看看还有几分自然的情感；自从你被提拔，你又遗失了哪些天然本色和业余爱好？你走路的姿势和说话的口气是否发生了某种变化？

阅读材料 ★☆

心灵的对白

◎席慕蓉

在每天晚上入睡之前，每天早上醒来之后，我总禁不住想问

自己一个问题：

"我想要的，到底是一些什么呢？"

我想要把握住的，到底是一些什么呢？要怎么样才能为它塑出一个具体的形象？要怎么样才能理清它的脉络呢？

窗外的槭树，叶子已变成一片灿烂的金红，又是一年将尽了，日子过得真是快！这样白日黑夜不断地反复，我的问题却还一直没有找到答案。我一直没办法用几句简单和明白的话，向你描述出我此刻的心情。

而你是知道的，对现在这个时刻，我有多感激，有多珍惜！我心中一直充满了一种朦胧的欢喜，一种朦胧的幸福，可是，我就是说不出来，几次话到唇边，就是无法出口，好像隐隐然有一种警惕：若是说出来，有些事物有些美妙的感觉就会消失不见了。

而今夜，就在提笔的那一刹那，忽然有一句话进入我的心中：

"世间总有一些事，是我们永远无法解释也无法说清的，我必须要接受自己的渺小和自己的无能为力了。"

是的，在命运之前，我必须要承认我的渺小与无能为力，一向争强好胜的我，在这里是没有什么可以争辩和可以控制的了。

就是说：在这世间，有些事物你是无法为它画出一张精确的画像来的，一旦真的变成精确以后，它原来最美的、最令人疼惜的那一点就会消失不见了。有些事物，你也是不能用简单和明白的语句来为它下一个定义的，当那个定义斩钉截铁地出现了以后，它原来最温柔的、最令人感动的那一种特质也就没有了。

所以，我终于明白了，我终于知道，这么多年以来，一直烦扰在我心中的种种焦虑和不安，其实都是不必要和莫须有的啊！因为，世间有些事情，实在是无法解释，也不用解释的啊！

原来，我如果又想画画，又想写诗，必定是因为心里有着一种想画和想写的欲望，必定是因为我的生命能从这两种创作活动里，得到极大的欢喜与安慰；因此，这实在是我自己的一种需求，一种自然的现象，我又何必一定要想出一个完美和完全的答案来呢？事情的本身应该就是一种最自然的答案了吧。

其实，你一直都是很明白，并且看得很清楚的，你一直都是知道我的，因为，你一直都认为：

"没有比自然更美、更坦白和更真诚的了。"

不是吗？如果万物都能顺着自然的道理去生长、去茁壮、去成熟，这世间就会添了多少安静而又美丽的收获呢！

一位哲学家告诉过我，世间有三种人，一种是极敏锐的，因此，在每一种现象发生的时候，这种人都能马上做出正确的反应，来配合种种的变化，所以他们很少会发生错误，也因而不会有追悔和遗憾。另外有一种人又是非常迟钝的，遇到任何一种现象或是变化，他都是不知不觉的，只顾埋头走自己的路，所以尽管一生错过无数机缘，却也始终不会察觉自己的错误。因此，也更不会有追悔和遗憾。

然后，哲学家说：所有的艺术家都属于中间的那一个阶层，没有上智的敏锐，所以常会做出错误的决定。但是，又没有下智的迟钝，所以，在他的一生之中，总是充满了一种追悔的心情。

然而，就是因为有了这一种追悔的心情，人类才会产生了那么多又那么美丽的艺术作品。

这位哲学家和我同龄，然而他的头发却因丰富的思虑变成花白，可是他的面容却又还保有一种童稚的热情。每次与他交谈，我总有一种无所遁形的感觉，好像不管是我的坏或者我的好，在他的眼睛里都已看得清清楚楚，而且就算我怎样努力地掩饰或者去显露，都没有丝毫的效果，因为，我的本质他完全明白。

那么，你是不是也是这样呢？不管我用什么样的面貌出现在你的面前，不管是毫无准备或者准备得很充分，你都能一样地看透进来呢？在你的面前，我永远只是一个最单纯的我而已吗？

"没有什么比自然更美、更坦白和更真诚的了。"

然而，这样的一种单纯，这样的一种自然，是要用几千个日夜、几千个流泪与追悔的日夜才能孕育出来的，要经过多少次的尝试与错误才能过滤出来的，要经过多少次努力的克制与追求才能得到的，要用几千几万句话才能形容得出来的啊！

"自然"是什么呢？应该就只是一种认真和努力的成长罢了，应该就只是如此而已。然而，这样认真和努力的成长，在这世间，有谁能真正知道？有谁能完全明白？有谁能绝对相信？更有谁？更有谁能从开始到结束仔仔细细地为你一一理清、一一说出、一一记住的呢？

没有，没有一个人，甚至连我自己在内，在这世间，我相信没有一个人能把成长历程中每一段细节、每一丝委婉的心事都镂刻起来，没有人能够做到这一点。

多少值得珍惜的痕迹都消逝在岁月里，消逝在风里和云里。在有意或无意间忽略了一些，在有意或无意间再忘记了一些，然后，逐渐而缓慢地，我蜕变成今日的我，站在你眼前的我，如你所说的：一个单纯而又自然的我。

然而，这样的一种单纯和自然，是用我所有的前半生来作准备的啊！我用了几十年的岁月来迎接今日与你的相遇，请你，请你千万要珍惜。亲爱的朋友，我对你一无所求，我不求你的赞美，不求你的恭维，不求你的鲜花和掌声，我只求你的了解和珍惜。

我们只能来这世上一次，只能有一个名字。我愿意用千言万语来描述这一种只有在人世间才能得到的温暖与朦胧的喜悦。我很高兴我能做中间的那一种人，我不羡慕上智，因为没有挫折的他们，不发生错误的他们，尽管不会流泪，可是却也失去了一种得到补救机会时的快乐与安慰。

其实，岁月一直在消逝，今日的得总是会变成明日的失，今日的补赎也挽不回昨日的错误，今日朦胧的幸福也将会变成明日朦胧的悲伤，可是，无论如何，我总是认真而努力地生活过了。

无论如何，借着我的画和我的诗，借着我的这些认真而努力的痕迹，我终于能得到一种回响，一种共鸣，终于发现，我竟然不是孤单和寂寞的了。

那么，我禁不住要问自己了：

"我想要的，是不是就是这种结果呢？"

"我想要把握住的，是不是就只是今夜提笔时的这一种朦胧的欢喜与幸福？是不是就只是你的了解与珍惜？"

"我想要的，到底是一些什么呢？"
"我想要的，到底是一些什么呢？"

人生是一首未完成的诗

追问生命

人们常常对拥有的东西不珍惜，一旦要失去，才会感到它的可贵，对健康和生命尤其如此。一些人也常说，只在乎过程，不在乎结果。意思是说，只要活得潇洒，管它是否损害性命。可事实上，人们并不在乎生命的进行时（如生活的质量和健康的生活方式等），而只遥望是否能够长寿的结果。

人是一种追求意义的动物，但为什么人一旦追问为什么活着，就可能意味着生活出现了某种问题或心理危机呢？因为生活的意义并不是抽象的和思辨的，而是在生活的实践中体现的。人在生活充实和快活的时候根本无暇追问这种形而上学的问题。所以，类似"无事生非"，神经症也是一种思想无聊的病症。经验证明，心理上的烦恼与精神对外界某物关注的情趣是一对矛盾，正如焦虑与肌肉放松可以相互拮抗一样，心理烦恼与体力活动也是互相拮抗的一对矛盾。有言道："劳动是医治心理脆弱的良药。劳动不光创造人，也挽救了人。"这就是说，带着问题去劳动才是走出心理困境的唯一出路。大多数的神经症患者总希望停止本应该从事的日常活动来修理心理机器，克服了问题后再开始工作，开心起来再劳动。其实，这不仅是幼稚的和不现实的，也恰好颠倒了神经症和心身性疾病发生的因果关系，即心理问题在前，生理改变在后的发生学规律。

克服精神无聊的一种有效的方法是，让一个人面对死亡！试想，当你看到一个熟悉的同胞或你的亲朋好友意外死亡时，你有何种震撼？有何种情感上的反应？临床分析显示，不少焦虑症、恐惧症常起病于父母或其他亲朋好友死亡之后。其实悲痛的影响是非常有限的，重要的负面影响是：将一个好像遥不可及的死亡可能性，展现为一个现实的、已经发生在自己身边的事件，即死亡的阴影已经隐约可见，将一个乐观主义者刹那间转变为一个"向死而生的存在"。

面对死亡，就是不要回避死亡，就是要正视死亡这回事，正确认识生死的辩证关系。生命的诞生和你的出生实在是一种难得的自然创造，几千万个精子同时向唯一的卵子求爱，最后却只有一个成功，这难道不是奇迹？不是一件概率很小的事件吗？生命来之不易，摧毁它却是一件轻而易举的事情。不管出生如何，死亡却是共同的结局，死的确是一件不用焦急的事情。有人说，学习哲学就是学习死亡，因为，存在与意识的关系是哲学的基本问题，但只有在主体的存在受到威胁，即死亡即将降临之时，在生命的存在向非存在转化的时刻，我们才能透彻地理解这种关系。

死是不可回避的事实，并不会因为你恐惧它、回避它，它就不再存在或者被延迟。生和死在有机体的生命过程中是辩证的统一，每天都有新的生物大分子和细胞在机体中诞生，同时也有无数生物大分子和细胞在消亡。生命在行进，死亡也在渐进。所谓活着，其实不过是生死的消长变化。死悄然而至，并不痛苦，因为当死亡来到时，你的意识已经不复存在。可见，与死亡有关的只是我们的意识，即只是我们的意识在害怕死亡，死亡与肉体的痛苦无关，肉体的分解那只是死亡之后的事情。

重新审视一下每天所见的而被忽视的东西，尤其是那些有生命的东西，发现和体验其中的美吧！所有生命的本质就是活着，而人的本质是一种能预知死亡的存在，克服对这个人生的根本问

人生是一首未完成的诗

题的错误认识，是治疗焦虑症、恐惧症的最彻底的心理处方。

如果真有来生

◎ 占锦丽

真希望有来生，我一定会夜夜祈祷，若下世再为女子，定要生得万般美丽。

上帝让我今生成为一个相貌平庸的女孩子，我常为此感到不公、无奈和自卑。

第一次接到男孩子的信，我没有丝毫的喜悦之情，因为我觉得，即使天底下最丑陋的女孩子，也一定会有一个男孩子喜欢她，可是如果我生得美丽的话，我就会有更多的选择。

奇怪的是，男孩子的信却接二连三地来；单位里的男孩子渐渐地都喜欢聚拢到我的周围，和我谈天说地，走在街上，竟也有男孩子用欣赏的眼光看我，或是朝我吹口哨。我揽镜自照，丑陋依旧，环视周身，并无奇装丽服，低头默想，说话也并无特别幽默风趣之处，纳闷之余，我禁不住问一位男孩子，他说："你的确长得不漂亮，但你给人一种温柔端庄清清爽爽的感觉，让人看了情不自禁地就想和你接近。"

我听后忽然恍然大悟，上帝待人原是很公平的，他让你这一方面有了缺陷，就一定会在另一方面给你以补偿，他绝不会让一个人一无是处。

我虽然不美丽，但我天生成一副温柔端庄相，而又颇有自知之明，平时比较注意修饰，也不敢有漂亮女孩的高傲。也许正是这两个原因，使得我虽然不漂亮，但照样身边男孩子成群。

　　我由此想到，有许多事情如容貌我们是无法选择的，但是既然我们每个人都至少有一个优点，我们应该充分发挥它，如果我们能将自己的优点发挥到极致，那么即使我们不漂亮，不聪明，我们一样也可以光彩照人，魅力无穷。

　　并不是每颗星都能成为光芒四射众人景仰的太阳，如果我只是太阳旁边没有光芒的月亮，我会规规矩矩地围着太阳转，当白天世人高唱《我的太阳》的颂歌时，我默默地努力地吸收太阳的光，到了晚上，太阳渐渐落山时，我不声不响地慢慢步出蓝色的天幕，将吸收来的太阳光尽情地向世间挥洒，给人以明亮。虽然我的光辉是如此的清淡，但我是在自身不能发光的情况下，凭借我反射的本领而与太阳平分了半日秋色，成为灿烂空中众星的皇后。如果我也不是月亮，而只能做一颗星星，那么我就一定要成为最亮的那颗星。甚至如果我不幸只能是一颗最平凡最暗淡的星星，那么即使我的光芒是怎样的微弱，我也要尽我最大的努力，放射出我所能有的最亮的光。

　　如果真有来生该多好，那么今世，我会安安心心将自己做到最好，而了无遗憾。

　　真希望有无数个来生，让每个人都来轮换着将各种角色扮演，我一定要将生生世世都做到最好。即使我是天底下最丑陋、最愚笨、最无能的人，我也会尽自己最大的努力，利用自己所能有的一切条件，做一个最好的"我"，让所有的人，包括造"我"的上帝，在看了我的生活足迹后，也会心服口服地赞叹说："她是这类角色的最佳典范，换了任何人是她，在她那个环境和条件下，都不能做到像她那样好。"

　　如果真的有来生，我仍然会为美丽而祈祷，让我下一世做一个绝色的女子，有一段哀怨动人的爱情。

　　但无论如何，今生我会尽自己最大的努力，将自己做到最好。

人生是一首未完成的诗

镜子的品格

导 读

镜子是人类最伟大的发明之一，因为镜子具有帮助人类认识自己的独特功能。照镜子就是读自己。虽然是同样的镜子，但每一个人使用镜子的目的并不相同，在镜子里看到的东西不同，并对它有着不同的诠释。有些人在镜子里只看到自己的缺点，因而自卑；有些人在镜子里只看到自己的美丽，因而自傲；有些人照镜子只为了孤芳自赏；有些人却是检查时光在自己脸上留下的痕迹。但不管怎样，镜子给我们每一个人提供了方便的反思手段。

你照镜子的目的是什么？你照镜子的感觉怎样？是愉悦多，还是悲哀多？是更自信，还是越自卑？你常在一天的什么时间里爱照镜子？是出门前，还是回家后？是为了在人前有一副像模像样的身材、相貌，还是为了自我欣赏和关注身体健康？

镜子的功能是读自己，可为什么有些人虽有双眼却从不反观呢？正如高僧所分析的那样：泉眼不通，被沙碍；道眼不通，乃被俗眼所碍。所谓俗眼者乃鄙狭、势利之眼。

同样是照镜子，为什么《红楼梦》第十二回中的道士要叮嘱一厢情愿钟情于凤姐的贾瑞只许照"风月宝鉴"的反面，而禁止照另一面？原来"风月宝鉴"只是一种象征：看镜子的一面只见一个骷髅立在里面，那显然象征着死亡；而镜子的另一面则是相思的情人在招手呼唤，那象征着性的诱惑。死可以唤醒当事人的执迷不悟，使其看到色欲之心后面的夺命魔鬼，那是一扇生门；而色虽极乐，却是一扇死门。当事人沉迷在美妙的性高潮的虚幻之中，最后因精力耗竭而亡。

据研究，只有人等少数高级动物才对镜中的自我形象产生兴趣，作为一种"镜像自我"的存在，人是需要通过他人的评价和比较来认识自我的。但光学的镜子只映照人的外表相貌，人的心灵深处还需要透镜来加以观照。从某种意义上说，心理医生也是一面帮助他人了解自己的镜子。可见，人们去看心理医生，没有必要难为情。

从不照镜子的人不好，因为他可能不乐意观察自己和悦纳自己，但沉迷于照镜子也不好，这可能意味着他孤芳自赏，太以自我为中心了，而在镜子中只看见自己的缺点且过分担忧的人则快是神经症患者了。事实上，既昧于知己，又昧于知人，正是神经症的一个特征。

老子曾将镜子与人比较，"圣人若镜，不将不迎，应而不藏，万物而不伤，其得之也乃失也，其失之也乃得之也"（《通玄真经》卷二）可谓意味深长。有修养的人的心灵就像一面镜子，不曲意迎合万物，是丑是美，是高是矮，客观地加以反映，没有隐瞒，不夸大也不贬低；镜中所映像的东西，其实镜子并没有占有它；而从镜子前走开的东西，镜子却已经拥有过它。老子又说："鼓不藏声，故能有声；镜不没形，故能有形。"（《通玄真经》卷六）镜子正因为它不埋没形状，所以才能看见形状。我们不仅应该经常照照镜子，而且应该正确地使用镜子，学习镜子不卑不亢、实事求是、虚怀若谷的品格。

镜·时光·絮语

◎许达然

我爱镜。

镜里藏着我许多温馨的记忆。

记忆中的童年虽然隔着时间的纱缦，但那微笑是清晰的。在那无挂牵的王国里，我喜欢站在镜前傻笑，因为大人们说，那笑靥很可爱。每次照镜时，我会为自己的"美丽"而乐得连内心都绽出微笑！

笑，似是最有理由象征童年了。没有笑的童年不可能是幸福的孩子。但终有一天，我们会发觉那纯洁的微笑自生命中消失。

发觉童年的微笑自我的生命中消失是在镜里。那么，我又在镜前傻笑，但笑影随即消失了，顿时我发觉岁月已残酷地带走了童年，因为镜里的像变了。

我突然发觉自己长大了。曾盼望自己长大的，但那时感到长大并不是件快乐的事。我勉强让镜里的像微笑，但清瘦的脸上仍笼罩阴霾，我拿着镜的双手颤抖着。

以后，我看到镜里的像在微笑，然而那笑是从痛苦的呻吟压榨出来的；惨淡得像冬天病态的阳光，我看到镜里的像在流泪，那泪却糅杂着感伤和忏悔。

世俗的尘埃也随着时光的增长而层层堆积在心上。好几次，我想袒护自己的缺陷，然后镜子却忠实地告诉我，镜里的像是有瑕疵的人。好几次，穿着新衣在镜前炫耀，镜子却仿佛警告我，不要让俚俗的奢华沾染朴素的心灵，灵魂的纯洁才是真正的美丽。好几次，失望地对着镜子，哲人的声音就仿佛从镜里传到耳际："擦干你愚骏的泪水！孩子，人生正是一生死搏斗的战场，在最后倒下前怎可失望？起来，从失望的余烬里去发觉希望的火苗；勇敢地朝着你立定的方向走去，让额上刻的是奋斗的皱纹。"于是我会擦干泪水代替回答。

　　我仍在长高。在镜里，我更怀念童年；我怕长大了，感到自己只不过是个长大的孩子。一切生物都会衰老，成熟虽然使人喜悦，但成熟的喜悦过后是衰老的悲哀。人从镜里看到岁月在身上的印记，会觉得时间就是在昂然走过，而痛恨时间了。人怕老，却希望活到老。假如我能活到老，当有一天，我从梦中醒来，突然在镜里发现头发中掺着几根银丝，对着那些青春的尸骸，我并不哭泣，因为我不会让内心生白发的。

　　我不知道镜子是谁发明的，但可猜想发明镜子的不会是丑者，更不会是老者，只有年轻人爱照镜，因为他们爱看镜中人所射出的光辉。如今，我正受着青春的照耀，但这光不久就要消逝。

　　据说在那铜镜还未发明的悠远年代前，一对年轻的恋人为了看依偎的情影，到湖边散步。有一天，他们不小心跌落到湖中，溺死了；于是有一位年轻的智者，为了避免危险而发明镜子。这故事不是真的，但多美！好多年代过去了，人并不再为了看自己致死亡而忧愁，却在镜中看到自己老去而唏嘘！

　　有一次随系里一位我所崇敬的老教授去故宫博物院参观，我被一些生满苔衣，已失去光泽的汉朝铜镜吸引住了，缅想那些在二千多年前摄取过美人笑靥的古铜镜，美人早已化为泥土，但铜镜经二千多年时光的侵蚀仍然健在，只是已苍老得使人几乎看不出它们曾是镜子。人们早已把它们遗忘了，我在它们里面并不能看到自己，是它们以那层苔衣拒绝我？

人生是一首未完成的诗

一切都在逝去，生命仿佛是镜前消融的一块冰，我们都看到自己，但都不了解自己。

我爱镜。只因在镜里我可以看到自己，看到造物者给我披上的外衣，也领悟到了人生的真谛。

当有一天，我在人生的战场上悲壮地倒下，朋友，请给我一面镜子吧！让我在生命的最后一刻再看到自己，我将从那里得到最大的慰藉，对着你，我也会淌下感谢的眼泪！

生命是一首诗

　　生命中蕴含了许多哲学道理，比如，生命的诞生是偶然性和必然性的统一、平衡性与非平衡性的统一、部分与整体的统一。生命在环境中的生存则是独立与协作的统一、生物性与社会性的统一、共性与多样性的统一。现实生活中的每个人对此的认识是千差万别的，而不同的认识可能就引出不同的生活态度与生活方式。如孜孜不倦于发财致富，或当官谋权，或著书立说，或为公众谋福利，或教书育人，或生儿育女等，就是不同的人生观和价值观的表现形式和在实际生活中的投射。

　　看看自己有哪些不切实际的奢望，有哪些绝对化的观点，把生命的历程看得绝对纯洁或龌龊，期望自己只能有幸福而不能有苦难，期望所有的人都对自己好，期望自己永无疾病，不能接受带着有病的躯体活着，不能理解疾病和健康的同时存在……当你自己放弃这些观念对生命的约束时，生命便会放出光彩。

　　孔夫子感叹地说："加我数年，五十以学《易》，可以无大过矣。"（《论语·述而》）《易》是一部充满辩证法精神的书，为什么孔子却将它当作人生的指南？黑格尔说："生命是一首辩证法的诗。"生与死、光明与黑暗、崇高与卑鄙、真诚与虚伪、勤奋与懒惰、苦难与幸福、喜剧与悲剧构成了生命的交响进行曲，正确

人生是一首未完成的诗

65

地认识生命中的两极性或曰多元性，有助于我们对自我的了解、对自我的宽恕，消除盲目的迷信崇拜和自高自大。"我们没有理由产生绝对的崇拜和蔑视，再伟大的巨人也有他渺小的瞬间，再渺小的凡人也有他伟大的片刻。"盲目的崇拜，是一些人极易受到环境和他人的心理暗示，失去自我的原因；而那些孤芳自赏、蔑视别人的人则常封闭自我。这些心理不健康的表现都是因为对生命辩证法本质的无知。

生命是文化塑造出来的"伟大"和动物遗传的"渺小"的混血儿。张扬人性的伟大，宽容与理解遗传的生物性，是人生中永远的课题。正如每一首诗的美都是独特的一样，每一个生命都是唯一的，每一个生命的价值也都是独特的，千人千面，千人有千样的心，一个人实在没有必要因为与别人不一样而苦恼。

66

阅读材料 ★

人生像一首诗

◎林语堂

我想由生物学的观点看起来，人生读来几乎像一首诗。它有其自己的韵律和拍子，也有其生长和腐坏的内在周期。它的开始就是天真烂漫的童年时期，接着便是粗拙的青春时期，粗拙地企图去适应成熟的社会，具有青年的热情和愚懵，理想和野心；后来达到一个活动很剧烈的成年时期，由经验获得利益，又由社会及人类天性上得到更多的经验；到中年的时候，紧张才稍微减轻，性格圆熟了，像水果的成熟或好酒的醇熟那样地圆熟了，对于人生渐渐抱了一种较宽容，较玩世，同时也较慈和的态度；以后便到了衰老的时候，内分泌腺减少它们的活动，如果我们对老年有着一种真正的哲学观念，而照这种观念去调整我们的生活方式，那么，这个时期在我们的心目中便是和平、稳定、闲逸和满足的时期；最后，生命的火光闪灭了，一个人永远长眠不再醒了。我们应该能够体验出这种人生的韵律之美，应该能够像欣赏大交响曲那样，欣赏人生的主要题旨，欣赏它的冲突的旋律，以及最后的决定。这些周期的动作在正常的人生上是大同小异的，可是那音乐必须由个人自己去供给，在一些人的灵魂中，那个不调和的音符变得日益粗大，结果竟把主要的曲调淹没了。那不调和的音符声响太大了，弄得音乐不能再继续演奏下去，于是那个人开枪自击，或跳河自杀了。可是那是因为他缺少一种良好的自我教育，弄得原来的主旋律被掩蔽了。如果不然的话，正常的人便会保持着一种严肃的动作和行列，朝着正常的目标而迈进。在我们许多人之中，有时断音或激越之音太多，因为速度错误，所以音乐甚觉刺耳难听；我们也许应该有一些恒河的伟大音律和雄壮的音波，慢慢地永远地向着大海流去。

　　没有人会说一个有童年、壮年和老年的人生不是一个美满的办法；一天有上午、中午、日落之分，一年有四季之分，这办法是很好的。人生没有所谓好坏之分，只有"什么东西在那一季节是好的"的问题。如果我们抱着这种生物学的人生观，而循着季节去生活，那么，除夜郎自大的呆子和无可救药的理想主义者之外，没有人会否认人生不能像一首诗那样地度过去。莎士比亚曾在他关于人生七阶段那段文章里，把这个观念更明了地表现出来，许多中国作家也曾说过同样的话，莎士比亚永远不曾变成很虔敬的人，也不曾对宗教表示很大的关怀，这是可怪的。我想这便是他伟大的地方；他在大体上把人生当作人生看，正如他不打扰他的戏剧的人物一样，他也不打扰世间一切事物的一般配置和组织。莎士比亚和大自然本身一样，这是我们对一位作家或思想家最大的称赞。他仅是活于世界上，观察人生，而终于跑开了。

永远的只有变化

世界上没有永恒不变的东西，这不仅是哲学的观点，更是众多文人的情怀。一种情感的有无和强弱，可以衡量人的心理健康状况，完全没有无常感的人也许是全身心投入现实事务中的人，他们的心灵为现实中的功名利禄、钱财权色等欲望所占据；但无常感太强的人也许是患了忧郁症的人，因为他们对曾经想实现的东西已经感到绝望，已经没有可以吸引其注意力和兴趣的东西了，他们把世俗"看得太透"，不再有任何激情和浪漫，不再有追求的目标和动力。由此可见，恰如其分的无常感有助于保持头脑清醒和心理健康。

人类有许多"永远"的幻念，如"长生不老"、"永垂不朽"、"青春永驻"之类，这些幻觉投射出人类相应的期望和追求。人类对越是难以实现的愿望就越是充满幻念。幻念或许带来虚假的幸福感，或许仅仅是对现实痛苦的麻痹。

无常感可以在日常生活的许多情景中被发现和感悟。如孔夫子站在水边观看江河奔腾，林黛玉在花开花落的树下感伤，唐诗里常写与亲朋至友的离别，日常生活中目睹熟悉的人死去都是最易触发人生无常感的情境。这种情感对利欲熏心的人是难得的一副醒脑良药。

"诸行无常，是生灭法"是佛经里提出来的一个命题，意即世间没有恒常的存在，一切事物和现象都是由刹那构成的迁流变动的过程。"生灭"二字是指事物都要经历从"生"的出现到产生作用的"住"，再到衰变的"异"和现象的"消亡"等的发展阶段。人生无常是一个平凡的真理，但这并不意味着人生必然悲哀，不必珍惜，可以任意浪费，而是说，我们不必在任何无谓的问题上冥顽不化，执着于死理。

用无常观观察周围而得到的所见所闻，对周围所熟悉的人的逝世不再无动于衷，不再以为与己无关。荣辱成败、富贵贫穷、得意失意、快乐悲哀，无一不处在变异之中，我们不必为一时的成功而得意忘形，也不必为一时的失败而悲观失望。

阅读材料 ★

无常之恸

◎丰子恺

无常之恸，大概是宗教启信的出发点罢。一切慷慨的、忍苦的、慈悲的、舍身的、宗教的行为，皆建筑在这一点上。故佛教的要旨，被包括在这十六字偈内："诸行无常，是生灭法。生灭灭已，寂灭为乐"。这里下二句是佛教所特有的人生观与宇宙观，不足为一般人道；上两句却是可使谁都承认的一般公理，就是宗教启信的出发点的"无常之恸"。这种感情特强起来，会把人拉进宗教信仰中。但与宗教无缘的人，即使反宗教的人，其感情中也常有这种分子在那里活动着，不过强弱不同耳。

人生是一首未完成的诗

在醉心名利的人，如多数的官僚，商人，大概这点感情最弱。他们仿佛被荣誉及黄金迷住了眼，急急忙忙地拉到鬼国里，在途中毫无认识自身的能力与余暇了。反之，在文艺者，尤其是诗人，尤其是中国的诗人，更尤其是中国古代的诗人，大概这点感情最强，引起他们这种感情的，大概是最能暗示生灭相的自然状态。例如春花，秋月，以及衰荣的种种变化。他们见了这些小小的变化，便会想起自然的意图，宇宙的秘密，以及人生的根底，因而兴起无常之恸。在他们的读者——至少在我一个读者——往往觉到这些部分最可感动，最易共鸣。因为在人生的一切叹愿——如惜别，伤逝，失恋，坎坷等中，没有比无常更普遍地为人人所共感的了。

法华经偈云："诸法从本来，常示寂灭相。春至百花开，黄莺啼柳上。"这几句包括了一切诗人的无常之叹的动机。原来春花是最雄辩地表出无常相的东西。看花而感到绝对的喜悦的，只有醉生梦死之徒，感觉迟钝的痴人，不然，佯狂的乐天家。凡富有人性而认真的人，谁能对于这些昙花感到真心的满足？谁能不在这些泡影里照见自身的姿态呢？古诗十九首中有云："伤彼蕙兰花，含英扬光辉。过时而不采，将随秋草萎。"大概是借花叹惜人生无常之滥觞。后人续弹此调者甚多。最普通传诵的，如：

"劝君莫惜金缕衣，劝君惜取少年时。花开堪折直须折，莫待无花空折枝！"（李锜妾）

"今年花似去年好，去年人到今年老。始知人老不如花，可惜落花君莫扫！"（岑参）

"一月主人笑几回？相逢相值且衔杯！眼看春色如流水，今日残花昨日开！"（崔惠童）

"梁园日暮乱飞鸦，极目萧条三两家。庭树不知人去尽，春来还发旧时花。"（岑参）

"越王宫里似花人，越水溪头采白苹。白苹未尽人先尽，谁

见江南春复春！"（阙名）

慨惜花的易谢，妒美花的再生，大概是此类诗中最普遍的两种情怀。像"春风欲劝座中人，一片落红当眼堕"、"年年岁岁花相似，岁岁年年人不同"，便是用一两句话明快地道破这种情怀的好例。

最明显地表示春色，最力强地牵惹人心的杨柳，自来为引人感伤的名物。恒温的话是一个很好的例证："昔年移植，依依汉南。今看摇落，凄怆江潭。树犹如此，人何以堪？"在纸上读了这几句文句，已觉恻然于怀；何况亲眼看见其依依与凄怆的光景呢？唐人诗中，借杨柳或类似的树木为兴感之由，而慨叹人事无常的，不乏其例，亦不乏动人之力。像：

"江南霏霏江草齐，六朝如梦鸟空啼。无情最是台城柳，依旧烟笼十里堤。"（韦庄）

"炀帝行宫汴水滨，数株残柳不胜春。晚来风起花如雪，飞入宫墙不见人。"（刘禹锡）

"梁苑隋堤事已空，万条犹舞旧春风。那堪更想千年后，谁见杨华入汉宫？"（韩琮）

"入郭登桥出郭船，红楼日日柳年年。君王忍把平陈业，只换雷塘数亩田？"（罗隐，《炀帝陵》）

"三十年前此院游，木兰花发院新修。如今再到经行处，树老无花僧白头。"（王播）

"汾阳旧宅今为寺，犹有当时歌舞楼。四十年来车马散，古槐深巷暮蝉愁。"（张籍）

"门前不改旧山河，破虏曾轻马伏波。今日独经歌舞地，古槐疏冷夕阳多。"（赵嘏）

凡自然美皆能牵引有心人的感伤，不独花柳而已。花柳以外，最富于此种牵引力的，我想是月。因月兴感的好诗之多，不胜屈指。把记得起的几首写在这里：

"山围故国周遭在，潮打空城寂寞回。淮水东边旧时月，夜深还过女墙来。"（刘禹锡，《石头城》）

"革遮回磴绝鸣銮，云树深深碧殿寒。明月自来还自去，更无人倚玉栏杆。"（崔鲁，《华清宫》）

"暮云收尽溢清寒，银汉无声转玉盘。此生此夜不长好，明月明年何处看？"（杜牧之，《中秋》）

"独上江楼思悄然，月光如水水如天。同来玩月人何在？风景依稀似去年。"（赵嘏，《江楼书怀》）

由花柳兴感的，有以花柳自况之心，此心常转变为对花柳的怜惜与同情。由月兴感的，则完全出于妒美之心，为了它终古如斯地高悬碧空，而用冷眼对下界的衰荣生灭作壁上观。但月的感人之力，一半也是夜的环境所助成的。夜的黑暗能把外物的诱惑遮住，使人专心于内省。耽于内省的人，往往概念无常，心生悲感。更怎禁一个神秘幽玄的月亮的挑拨呢？故月明人静之夜，只要是敏感者，即使其生活毫无忧患而十分幸福，也会兴起惆怅。正如唐人诗所云："小院无人夜，烟斜月转明。消宵易惆怅，不必有离情。"

与万古常新的不朽的日月相比较，下界一切生灭，在敏感者的眼中都是可悲哀的状态。何况日月也不见得是不朽的东西呢？人类的理想中，不幸而有了"永远"这个幻象，因此在人生中平添了无穷的感慨，所谓"往事不堪回首"的一种情怀。在诗人——尤其是中国古代诗人——的笔上随时随处地流露着。有人反对这种态度，说是逃避现实，是无病呻吟，是老生常谈，不错，有不少的旧诗作者，曾经逃避现实而躲入过去的憧憬中或酒天地中；有不少的皮毛诗人曾经学了几句老生常谈而无病呻吟。

然而真从无常之恸中发出来的感怀的佳作，其艺术的价值永远不朽——除非人生是永远不朽的。会朽的人，对于眼前的衰荣兴废岂能漠然无所感动？"笙歌归院落，灯火下楼台。"这一点小暂的衰歇之象，已足使履霜坚冰的敏感者兴起无穷之慨，已足使顿悟的智慧者痛悟无常呢！这里我又想起四首好诗：

"寥落故行宫，宫花寂寞红。白头宫女在，闲坐说玄宗。"

"朱雀桥边野草花，乌衣巷口夕阳斜。旧时王谢堂前燕，飞入寻常百姓家。"

"越王勾践破吴归，战士还家尽锦衣。宫女如花满春殿，只今唯有鹧鸪飞。"

"伤心欲问南朝事，唯见江流去不回。日暮东风春草绿，鹧鸪飞上越王台。"

这些都是极通常的诗，我幼时曾经无心地在私塾学童的无心的口上听熟过。现在它们却用了一种新的力而再现于我的心头，人们常说平凡中寓有至理。我现在觉得常见的诗中含有好诗。

其实"人生无常"本身是一个平凡的至理。"回黄转绿世间多，后来新妇变为婆。"这些回转与变化，因为太多了，故看作当然时便当然而不足怪。但看作惊奇时，又无一不可惊奇。关于"人生无常"的话，我们在古人的书中常常读到，在今人的口上又常常听到。倘然你无心地读，无心地听，这些话都是陈腐不堪的老生常谈。但倘然你有心地读，有心地听，它们就没有一字不深深地刺入你的心中。古诗中有着许多痛快地咏叹"人生无常"的话，古诗十九首中就有了不少：

"人生寄一世，奄忽若飙尘，何不策高足，先据要路津？"

"浩浩阴阳移，年命如朝露。人生忽如寄，寿无金石固，万岁更相送，圣贤莫能度。"

"青青陵上柏，磊磊涧中石。人生天地间，忽如远行客。"

"人生非金石，焉能长寿考？奄忽随物化，荣名以为宝。"

此外我能想起的也有很多：

"对酒当歌，人生几何？譬如朝露，去日苦多。"（魏武帝）

"惊风飘白日，光景驰西流。盛时不可再，百年忽我遒。生存华屋处，零落归山邱。"（曹植）

"置酒高堂，悲歌临觞。人寿几何，逝如朝霜。时无重至，华不再阳。"（陆机）

"欢乐极兮哀情多，少壮几时兮奈老何！"（汉武帝）

"采采荣木，结根于兹。晨耀其花，夕已丧之。人生若寄，憔悴有时。静心孔念，中心怅而。"（陶潜）

"朝为媚少年，夕暮成丑老。自非五子晋，谁给常美好？"（阮籍）

"君不见黄河之水天上来，奔流到海不复回？君不见高堂明镜悲白发，朝如青丝暮成雪？"（李白）

"白日何短短，百年苦易满。苍穹浩茫茫，万劫太极长。麻姑垂两鬓，一半已成霜。天公见玉女，大笑亿千场。吾欲揽九龙，回车挂扶桑。北斗酌美酒，劝龙各一觞。富贵非所愿，为人驻颓光。"（李白）

"美人为黄土，况乃粉黛假。当时侍金舆，故物独石马。忧来籍草坐，浩歌泪盈把。冉冉问征途，谁是长年者？"（杜甫）

"青山临黄河，下有长安道。世上名利人，相逢不知老。"（孟郊）

这些话，何等雄辩地向人说明"人生无常"之理！但在世间，"相逢不知老"的人毕竟太多，因此这些话都成了空言。现世宗教的衰颓，其原因大概在此。

学会等待

 导 读

　　江南的春天，阴雨绵绵，虽然老百姓很想晒一晒潮湿的棉被，但很无奈，要耐心地等待太阳的出现。太阳的出现是一个不以人的意志为转移的现象。人生亦是如此，难免有低潮，难免受排挤、不受重视，甚至会有遭受打击报复的挫折，但低潮不可能是永远的，阴阳消长，昼夜循环，这是自然的规律。只要你不意志消沉，耐心等待，机遇总是会有的。邓小平同志在人生道路上"三起三落"，但他韬光伟略，能屈能伸，学会了忍耐，终于等来了新生的春天，实现了自己的伟大志向和抱负。可见，等待也是一种积极的选择。

　　等待以信念为基础，一个人应该有一些给自己带来希望的信念，没有信仰的人是不存在的，问题是看你选择什么样的信念。有人说，"我没有任何信念"，其实，没有信念就是最大的信念。因为这说明他坚信所有信念都没有用或都不适合自己。人要是没有理想，生活就没有动力和热情，但要是不能脚踏实地地去实践，就陷于空想。不妨学点做"白日梦"的本领，让一个诗意的远景牵引自己朝前迈进。

　　人的心情虽然会受到环境的一定影响，但不管太阳出来与

人生是一首未完成的诗

否，人对天气的想象自由谁也不能剥夺，保持内心的晴朗是一种信念疗法或想象心理疗法。年轻人常常被鼓励要学习"进取"，其实，等待也要学习，忍受寂寞也需要练习。

许多关于冠心病等心身性疾病的流行病学调查，都无一例外地发现，A型性格或行为类型的人更容易患冠心病。而具有时间匆忙感、不愿意等待的急躁正是那些A型性格的人的基本特点。可见，学会等待，还是一种养生之道。

想一想，当你处于事业受挫、人生低潮，面对阴雨连绵、暴风骤雨时，你是焦虑不安，还是淡定自若？是自暴自弃，还是忍耐和满怀着等待太阳出现的希望？

阅读材料 ★

关于等待

◎丁 郎

一个人的一生总是处在某种等待中：等什么什么时候，我便怎么怎么样。人们不断地产生许多念头，怀着许多期望，然后等待。或者可以说死亡是等待的结果。然而，人类许多类似宗教的感情告诉我们：死亡之后，人们便又等待再生。

只要人类舍得花时间等待的东西，我想终究会有一些意义，或多或少，或大或小。有的人舍得花一整个上午等待一条鱼，有的人舍得花一整天等待一场雨，有的人舍得用整整一生等待一个人。

我想，等待作为一个过程，其本身便呈现美丽而忧伤的内涵。

一般说来，等待都是有目的的，可我想，有一种等待是没有希望或者说不存在通常所说的某个目的的，这并非等于空等，因为人类有一些莫名其妙的情绪无限钟情于等待本身，这种等待的终极意义就是等待本身。如果真的有了某种结局，也便破坏了这种等待的完美和独立的个性。

　　你也许说这种等待是一种闲情，可就是这些情绪丰富了人类的心灵。

　　我愿意把"等待"表述为"在时间中"，是的，在时间中。这是一种无比亲切而遥远的感觉。

　　在时间中，我想起我在时间中，我的那么多朋友在时间中，在每个有缘的人间角落，我们说一句平淡的话，听一首怀旧的歌，读一本古老的书，甚至想一会儿漫无边际的事。你想一想，这些语言，这些音符，这些文字，这些心灵的感觉，都和我们在一起，在时间中——亦如一首诗，在写出之前，在灵感的光芒笼罩中，在时间中，等待，一颗心，温柔的触及……

人生是一首未完成的诗

逆境是一所人生大学

导　读

　　人生不是平湖秋月，升平歌舞，一帆风顺。逆境和挫折是人生中常见的功课，如何应对逆境和挫折，不仅是对心理素质的一次检验，也直接关系到当事人的身心健康状况。

　　从心理学上看，面临逆境要保持心理健康，有几点特别重要：一是如何归因；二是如何调整认知。前者是指将挫折的原因归结为外界原因，还是自己的主观原因。一般来说，将挫折原因归结为外归因的人只会徒增一些牢骚怨言，更加激化人际矛盾；而内归因，比如认为是自己的某种疏忽，偏听偏信了某些说法，是某种软弱、决策和选择的失误等，则有可能促进对自己行为的反思和必要的调整。事实上，一些小人正是借助了我们自身的某些疏漏乘虚而入，他们的造谣攻击正源自你的工作干得太好，因他们的身影可能被你的业绩光辉遮蔽而嫉妒。从某种意义上说，没有哪种灾难或不幸的发生是与自己无关的。道家说得好："怨人不如自怨，勉求诸人，不如求诸己。"（《通玄真经》卷六）这样的反思将有助于自己观念与行为的调整。

　　面临逆境时调整认知是维护心理健康的重要手段。其一，将逆境中的痛苦看成对自己精神的考验，而不仅仅是不幸和无辜，逆境里的人生体验往往比平时更深刻和更丰富。其二，将逆境看成人生顺境时难得的警示，促进对自我意识和言行的反思；顺境容易使人头脑发热，而逆境反而可使人趋于冷静。其三，逆境是促进当事人调整人生目标与生存方式的机遇，比如平时你想换个单位不易下决心或领导不放，逆境时反而易实现这个目的；平时忙于工作不注重休息，逆境时反而会促使你认识到休闲并非不重要，逆境可能会促使你放弃一些那时你认为非常重要但其实并不紧要的事情。其四，通过逆境考察和认识别人的人格，加深对人性和社会的理解。其五，善于发现逆境中的阳光、善意和希望。

逆境并不可怕，可怕的是人对逆境感到悲观和失望。保持内心世界的光明，就不怕任何逆境。逆境并不是一无所获，逆境是一所真正的人生大学。

回顾一下在过去的生活中自己是如何应对逆境的，重新制定一套应对逆境和挫折的策略和方案，一个有准备的头脑是不会再害怕黑暗的。

阅读材料 ★

风中黄叶树

◎ 刘心武

逆境往往突然袭来。

渐来的逆境，有个临界点，事态逼近并越过临界点时，虽有许多精神准备，也仍会有电闪雷击般的突然降临之感。

逆境的面貌不仅冷酷无情，甚而丑陋狰狞。

逆境陡降时，首要的一条是承认现实。承认包围自己的逆

境。承认逆境中陷于被动的自我。

"我不能接受这个事实！"这是许多陡陷险逆境中的人最容易犯下的心理错误。事实是客观的存在，不以你的接受与不接受为转移。不接受事实，严重起来，非疯即死，是一条绝路。必须接受事实，越早接受越好，越彻底地全面地接受越好，接受逆境便是突破逆境的开始。

承认现实，接受逆境，其心理标志是达于冷静。处变不惊，抑止激动，尤忌情绪化地立即作出不理智的反应。

面对逆境，要勇于自省。

逆境的出现，虽不一定必有自我招引的因素，但大多数情况下，总与自我的弱点、缺点、失误、舛错相连。在逆境中的压力下检查自己的弱点、缺点、失误、舛错是痛苦的，往往也是难堪的——然而必须迈出这一步。

迈出了这一步，方可领悟出，外因是如何通过内因酿成这一境况的，或者换句话说，内因为外因提供了怎样的缝隙与机会，才导致了这糟糕局面的出现。

不迈出这一步，总想着自己如何无辜，如何不幸，如何罪不应得，如何命运不济，便会在逆境的黑浪中，很快地沉没下去。

但在迈出这一步时，如果不控制好心理张力，变得夸张，失去自尊与自信，则又会陷于自怨自艾，甚而自虐自辱、自暴自弃，那么，也会在逆境的恶浪中，很快地沉没下去。

逆境的出现，当然与外因外力有关。在检验自我的同时，冷静分析估量造成逆境的外因外力，自然也非常重要。

外因外力不一定都是恶。也许引出那外因外力的倒是我们自身的恶，外因外力不过是对我们自身的恶的一种排拒，从而造成我们的难堪与逆境。

外因外力又很可能含有恶。恶总是乘虚而入，我们的弱点是它最乐于楔入的空隙，我们的缺点是它最喜爱的温床，我们的失误、舛错等于是开门揖盗，恶会欢蹦乱跳地登堂入室，从而作弄、蹂躏我们心灵中的良知和善。

当我们对外因外力的分析估量导致第二种感受时，我们仍要保持冷静。

人在逆境中，最令他痛苦的，往往倒不在那袭向他的恶，而是受恶影响、控制的人群。

一位老资格的电影明星告诉我，在"文革"中，江青点了她的名，造成了她一生中最险恶的逆境，她深知江青底细，且已看透她的心理，所以对江青之恶，只是心中鄙夷，倒并不怎么感到痛苦，然而，许许多多本是善良乃至懦弱的同行和群众，或出于对江青的迷信，或慑于江青的淫威，或迷惘而无从自主，都来参与对她的批斗、侮辱、惩罚，却使她万分地痛苦。

有的亲人，与她划清界限，所言闻之惊心，所为令人狼狈。

有那过去的朋友，包括堪称密友的人，不仅对她视若瘟疫而远避，更做出落井下石、雪上加霜的事情，有的还自以为乃革命义举，沾沾自喜，津津乐道。

有许多本不相干的人，奔着她的知名度而来，似乎是在欣赏她的沦落与苦难，也许其中不乏怀有同情与不平者，但都无从显露，在那肃杀的环境中，人人要戴上一个冷酷无情的假面，看得多了，也就搞不清那面具究竟是否已溶入了人的皮肉心灵。

逆境逆境，"逆"还可受，"境"却难熬！

熬过逆境，需有一种观照意识。

拉开与恶的距离，拉开被恶所控制的人与事的距离，并且拉开与逆境中的我的距离，跳出圈外，且作壁上观。

这是真正的冷静，彻底的冷静。

读过杨绛女士的《干校六记》么？所记全系逆境，然而保持着一种适度的距离，于是成为一种超然的观照，在观照中透露出一种对恶的审判与鄙弃，显示出人性与理智的光辉。

最严酷的逆境，会使人丧失最起码的反抗前提——没有道理好讲，没有法规可循，没有信息来源也没有沟通管道，完全是一种孤立无援、悲苦无告的处境，例如陷于希特勒的纳粹集中营，或落到"文革"中的"群众专政"，那时，一切的信念和行为，必围绕着"活下去"三个字而旋转。但当"活下去"必须付出人格尊严时，有人就毅然地迈出了以自杀为反抗的一步，如"文革"中的老舍、傅雷，那也是一种对逆境的突破，也是一种对逆境的超越，使造成逆境的恶，背负上巨大的、不可推卸的历史罪责。老舍、傅雷他们以个体的宝贵生命为沉重的砝码，衡出了那恶的深重达于怎样的程度，从而警醒着继续存活着的人们，应怎样坚持与恶势力搏斗，并应怎样通过艰辛的努力，达到除恶务尽的目标。

许多从逆境中咬牙挺过来的人士，回忆出若干逆境中降临到或寻觅出的光明，例如在"文革"中仍有周总理那样的有一定发言权的上层人物的关怀，例如本应是来实行审查和处治的"革命左派"中天良发现者给予的庇护与拯救，再例如在过激假面下显露出的人间正义，以及最底层的老百姓那超越政治和意识形态的一派温情……

在重重阴霾中努力捕捉住哪怕仅只一线的暖光，当然是渡过逆境不可缺少的手段之一。不过切不可对阴霾中的光缕产生依恋之情。更重要的是保持内心的光明。能从逆境中打熬过来的人，毕竟主要依赖着灵魂中的熠熠光束，那犹如不会熄灭的火把，始终照亮着生命的前程。

逆境，也就是人生危机。据说美国前总统尼克松对汉语"危机"一词的构成很表赞赏，危机＝危险＋机会，危险人人惧怕，机会人人乐得，"危机"是在危险中促人寻觅把握机会，既惊心动魄，又前景无穷。

记得鲁迅先生写过这样的句子："在危险中漫游，是很好的……"我想，他是深知惟其在危险中，才能调动起自我的全部生命力，从而捕捉住那通向璀璨未来的机会！

《红楼梦》第二回写到，贾雨村到一所智通寺去，见门旁有一副旧破的对联曰：

> 身后有余忘缩手
> 眼前无路想回头

他因而想到："这两句文虽甚浅，其意则深……其中想必有个翻过筋斗来的，也未可知。"

贾雨村所见到的智通寺对联，是中国人一种典型的"防逆境"告诫，也就是说，为防陷于逆境，凡事应留有余地，万不可求满，"满则溢"，"登高必跌重"，需自觉地收敛、回缩、抑制、中止。不过人在顺境中，欲望又是很难收敛、回缩、抑制、中止的，所以"翻筋斗"又很难避免，但"翻过筋斗来"，则有可能"吃一堑长一智"，从而做到"身后有余早缩手，眼前有路亦回头"。

人当然没必要自我寻衅，吃饱了撑的似的往逆境里扑腾，即使是正当的欲望，适度地加以抑制，以及勿以完美为尺度，知足常乐，见好就收，都是处世度生的良策。不过，一些中国人往往过度地自我收敛，把惟求苟活奉为在世的圭臬，以致有"宁为太平犬，不作乱离人"、"好死不如赖活着"等想法产生，弄得不仅丧失了终极追求，也失却了最低限度的正义感、同情心和自我尊严，我以为那是一种可怕的犬儒主义，可悲的活命哲学，可鄙的人生态度，可恨的良知沦丧。人不应因为惧怕身陷逆境，便以出卖乃至奉送自我灵魂来求得"安全"；人一旦陷于逆境之中，更不应什么道义、什么责任都不愿承担，唯求自保以延狗一般的性命。

逆境逆到头，无非一死。"人生自古谁无死，留取丹心照汗

青。""我自横刀向天笑，去留肝胆两昆仑。""砍头不要紧，只要主义真。""宁愿站着死，不愿跪着生。"这类志士仁人的豪语，昭示着我们"曲生何乐，直死何悲"的真理。在逆境中我们当然要珍惜生命，钟爱自己，怀抱"留得青山在，不怕没柴烧"的志向，却万不可为留皮囊，出卖灵魂，万不可为捱时日，自丧尊严。

要勇于在逆境的火中炼成真金，但也不惧怕在逆境的抗争中玉碎。

人在逆境中，万不可堕入自虐的状态。

自虐首先是一种畸形的心态。一种是群体自虐。如"文革"中，广大知识分子普遍遭到迫害打击，绝大多数遭受迫害打击者，互相是同情相怜的，但也有这样的情形出现，如两个知识分子在街上相见了，甲惊讶于乙的境况："怎么?你还没有被揪出来?"甲从理性上当然并不认为自己是敌人该"揪"，以此推理当然也不认为与自己相似的乙是敌人该"揪"，但他的心理架构已经扭曲，所以把乙的尚未被"揪出"视为"不正常"；再如过了几时乙与甲街头相遇又感到意外："怎么?你还有心思买条鱼回去烧着吃?"乙从理性上当然并不认为甲被贬抑后便该过另一种非人的生活，但他的心理架构也已经扭曲，所以把甲的遭贬抑后仍"大摇大摆"、"乐乐呵呵"地买鱼烧吃视为"奇观"——这种被不公正地置于逆境中的知识分子间的互为畸视畸思，就是一种群体自虐。当然，更有发展到互相违心地揭发、批判乃至于真诚地反目、斗争的，那就超出我所说的自虐而成为帮凶了。

另一种是个体自虐。如一个人事业上失败后，便躲起来不愿见人，甚至觉得自己吃好些、穿好些都成了"恬不知耻"，不仅把自己的物质享受压缩到自罚自禁的状态，还从精神上折磨自己，自己诅咒自己为"低能"、"白痴"、"饭桶"、"废物"……或走另一极端，故意到人群中"展览自己的失败"，恣肆吃、喝、玩、乐、纵欲求欢，使精神陷于亢奋以至麻木，自己视自己为"痞子"、"流氓"、"赌棍"、"无赖"……

逆境中的群体自虐，是延续恶势力的无形助力，它往往给本来还有所顾忌的恶势力一种启发和鼓舞——原来还可以"揪"更多的人，并且可以把压制扩展到更不留缝隙的地步！逆境中的个体自虐，不消说更是一种导致毁灭的行为。

禁绝自虐！一个染上自虐症的群体是没有出息的群体！一个患有自虐症的个体是没有前途的个体！

为免于陷入逆境，有一种人甘心助纣为虐，成为所谓"二丑"。

鲁迅先生曾为文剖析过"二丑艺术"。现在戏曲舞台上仍常有"二丑"出现，例如拿着一把大折扇，跟在大丑——恶人——身后屁颠屁颠地去帮凶，但他会在行至舞台正中时忽然煞住脚，将折扇一甩甩成屏障，挡在自己与大丑之间，面朝观众，指指大丑背影，挤眉弄眼地对观众说："你们瞧他那个德性！"说完，又把折扇"哗"地一收，接着跟在大丑身后，依旧屁颠屁颠地帮着大丑去干抢掠良家妇女之类的坏事。

在好人面前，"二丑"希望好人体谅他的"不得已"——他是"身在曹营心在汉"；在大丑面前，"二丑"对自己朝好人眉来眼去的行径，则解释为帮大丑"缓解矛盾"，他是"拳拳之心无可疑"。他深信有朝一日好人战胜了大丑，定会"首恶必究，胁从不问"；他并不相信大丑会永立不败之地，但乐得用此法免吃"眼前亏"，还可分一杯唾余——他有时也苦恼，因为在扇子一甩开之时，并不是那么好掌握面对好人戳指大丑脊梁的分寸；他有时也有牢骚，因为他感到"两面受压，受夹板气"；他有时也颇惶恐，因为明知无耻但已"无退路可走"；他有时也颇惆怅，能发出"瘦影自临春水照，卿须怜我我怜卿"一类的感叹，所以"二丑"不像大丑那样除了一味作恶全无"正经创作"，他也能吟诗作画，也能才华流溢——例如明末南明小朝廷的阮大铖，便是如此。谁说他在追随马士英等佞臣迫害爱国知识分子的业之余，所写的《燕子笺》

等剧本不是典雅精致之作呢?他自己也是知识分子,是文人,是艺术家啊,因此他又常常在这一角度上,把自己与被他胁从迫害的知识分子视为"同行",同时把自己与那些所追随的卖国官僚"严格地区别开来"——"瞧他们那副德性!"

"二丑"也许确能免于他们害怕的逆境吧,但,一:他们选择的那个"境",难道美妙吗? 二:他能免于一时,但能经久如此吗? 阮大铖的下场可为殷鉴,详情可查史书,读起来怕是要脊梁骨发凉打颤的。

"人们到处生活。"

这是一句字义浅显而意蕴很深的话。

在逆境中,这类朴实无华的自我判断是实现心理平衡的瑰宝,还可举出:

"这个世界不是单为我一个而存在的。"

"没有一个上帝规定我必须成功。也没有一个上帝规定我必定失败。"

"别人怎么看我是一个几乎可以忽略不计的问题。问题是我自己究竟怎么看自己。"

"当我以为人人都在注意我的时候,其实几乎没有哪一个人在特别地注意我。我不必为那么多别人来注意我自己。"

"不要总觉得全世界的不幸都集中到了自己身上。倘真是那样的话,自己可就太幸运了。"

"不要总觉得自己受骗,自己被抛弃。也许问题出在自己过分自信和过分依赖别人这两点上。"

"为什么总希望别人都来同情自己?我们何尝有那么多工夫和精力、感情和理智去同情别人?人类需要同情,然而我们无权独享。"

"如果有时幸福是从天而降,那么为什么灾难非得先同我们预约?"

"轮到我了。不仅排队购买一件惬意的商品会终于轮到我买，想尽办法预防的流行感冒也终于会轮到我得。"

"事实并没有所想象的那么可怕。对事实其实完全用不着想象。事实就是事实，面对它，不要想象它。"

"即使是最亲近的人，也没有道理让他们与自己平均承受逆境的压力。"

"多听别人对你的逆境的分析，少向别人倾诉你在逆境中的感受。"

"认为逆境对你是一桩大好事这类的话，倘说得太夸张，便同认为逆境对你是罪有应得等义。"

"不必为体现所谓的勇气徒使自己陷入更险恶的逆境。尤其不必为勇气观赏者去进行无益的表演。他们的怂恿和喝彩随时可能变为转身离去与不吭一声。"

"那些对你说'我早就跟你讲过，不要如何如何……'的人，他们现在的话你简直一句也不要听。那些对你说'我早就想到了，可一直没好意思跟你讲……'的人，他们现在的话听不听两可。那些直接针对你现状提出建议的人，他们的话才值得倾听。"

"使你处于逆境的人，他们可能正处另一种逆境。"

"用自己的逆境与别人的顺境对比，是糊涂。用自己现在的逆境同自己以往的顺境对比，是愚蠢。用自己的逆境和他人的逆境相比，是卑微。"

"走出逆境后得意忘形，便可能迅即陷入另一逆境。逆境消除后缩手缩脚，便等于没有走出逆境。"

"在任何时候都不要接受这样的安慰：人生的逆境比人生的顺境美好。或：人生在世的义务便是经受逆境。"

1915 年诺贝尔文学奖得主罗曼·罗兰说过："累累的创伤，便是生命给予我们的最好的东西，因为在每个创伤上面，都标志着前进的一步。"

自然是好话，可作为座右铭。

但，那种"只有历尽人生坎坷的作家，才能写出优秀作品"的说法，显然是片面的。德国大文豪歌德，一生物质生活优裕、生活状态平稳，却写下了一系列传世之作；俄罗斯批判现实主义文学的最后一个高峰契诃夫，在动荡的社会中一直过着相对安定的小康生活，无论小说还是戏剧都硕果累累；苏联作家肖洛霍夫，自苏维埃政权建立后也一直安居乐业，斯大林的大规模"肃反"也好，第二次世界大战的战火也好，赫鲁晓夫时代以后的政局变幻也好，都未对他造成什么坎坷，然而他却写出了一系列文学精品，并在1965年获得了诺贝尔文学奖。过度的坎坷，只能扼杀创作灵感，压抑甚至消除创作欲望，如胡风的坎坷，"胡风集团"重要"成员"路翎的坎坷，都使他们后来几无作品产生。因此，我呼吁，那种"人生坎坷有利创作论"发挥到一定程度后便应适可而止，否则，制造别人坎坷遭遇的势力似乎倒成了文学艺术创作的恩人了，例如沙皇判处了陀思妥耶夫斯基死刑，到了绞刑台上又改判为流放，这以后的一系列遭遇，自然使陀氏的一系列创作有了特异的发展和特有的内涵，但我们总不能因此感谢沙皇，颂扬对陀氏的迫害，或认定非如此陀氏就不可能写出好的作品——在他"坎坷"以前，《穷人》就写得很好。

不要颂扬逆境，颂扬坎坷，颂扬磨难，颂扬含冤，那样激励不了逆境中、坎坷中、磨难中和被冤屈、被损害的人。要做的只应是帮助逆境中的人走出逆境，只应是尽量减少社会给予人生的坎坷，只应是消除不公正给予人的磨难，只应是尽快为含冤者申冤。

中唐诗人司空曙在一首《喜外弟卢纶见宿》的五律中有两句："雨中黄叶树，灯下白头人。"明朝诗评家谢榛在其《四溟诗话》中说："韦苏州曰：'窗里人将老，门前树已秋。'白乐天曰：'树初黄叶日，人欲白头时。'司空曙曰：'雨中黄叶树，灯下白头人。'三诗同一机杼，司空为优……无限凄感，见乎言表。"自古文人多逆境，逆境中咏诗，多此种凄清之句。我读此诗，常有自己独特的感受。"灯下白头人"，固然令人扼腕不止，因为人寿几何，而岁月悠悠，既已白头，所余无多；但"雨中黄叶树"，却未必只引发出关于艰辛和苦难的慨叹。因为雨过必有天晴，黄叶树落乃至满树枯枝之后，逢春必有绿芽窜生，而终究还会有绿叶满枝、树冠浓绿之时，也许还会有芬芳的花儿开放，结出丰满光灿的果实……所以，我常以"雨中黄叶树"来象征某种逆境，又因为觉得无风之雨未免没劲，而风雨交加中更令人感到惊心动魄的还是那呼啸的风，所以又愿将此诗句中的头一字改换，成为"风中黄叶树"，我认为"风中黄叶树"能更准确地体现出既充满危险又蕴含无限机会的逆境，足可填满意象的空间，所以，当逆境降临时，我便常以"风中黄叶树"自喻，也借以自勉。

人生终究是云谲波诡，难以预料的。"风中黄叶树"般的逆境后，很可能是"病树前头万木春"的喜剧结局。

然而，勇者必将在逆境中奋争，尽管不免"白了少年头"，但那前景，却更可能是"老树春深更着花"！

人生是一首未完成的诗

宁静致远

人的本质虽然是社会关系的总和、群居的动物，但人还是个体的存在，需要人格的独立和精神的自主。因此，人生并不总是轰轰烈烈、红红火火、热热闹闹的。人生还有寂寞、清冷、孤独的时候，这不仅是一种无奈，还是一种需要。这虽然是人生乐曲上的低音，但如果没有这种低音，我们的精神就一直处在高音部单调的喧哗中，难以奏出人生动听的乐曲，看不清自己的面目，听不到自己灵魂的声音。

寂寞是心灵深处的一种淡淡的孤独，而在孤独中最容易感受自己的精神，最容易净化自己的灵魂，否则，为什么寺庙、道观总是建在偏僻的山林？因为只有远离声色刺激，才可能获得心的宁静，而宁静才可以致远。正如道家所说："非淡漠无以明德，非宁静无以致远。"（《通玄真经》卷十）为什么人们常说要耐得住寂寞，这暗示着寂寞是精神有所为和有所不为的前提。

为什么古代许多杰出的诗篇总诞生在寂寞之中？为什么在寂寞之中才可以发现自然之物的美？可见，寂寞只不过是一种人生的格调，如果你曾有过这样的体验，那么，你不必惊慌、自卑和悲伤。我们需要寂寞，好比一个辛勤的劳动者需要睡眠一样，寂寞是对灵魂中焦虑不安的成分的一种清洗，是对灵魂混乱的一次重新格式化。

如果你的生活太忙碌，如果你太过焦虑、烦躁，心理医生建议你找个清静的地方独居几天，不看电视，不听收音机，不看报纸，不开手机，体验一下寂寞。

寂寞是一种体验，是生命的一种独特的存在方式。寂寞并不仅仅是一种忧郁、自怜，而且是一种淡雅的美丽和超脱，这时你不再有攀比、嫉妒、愤怒、依恋、占有感，你可以感觉一种从来没有过的没有思想负担的轻松，没有杂念的纯净。曾经有一位被诊断为洁癖的强迫症患者告诉过我，当她旅行到西藏，孤独地坐在高山荒芜之地沉思之时，她不再有那种强迫洗涤的冲动。可见，孤独可以治疗一些焦虑性的神经症。

阅读材料 ☆

沉　默

◎景　斌

人最深刻的那一瞬间，便是沉默。

默默地放下自己炫耀过且带着人生色彩的东西，放下身后很长很长的路程，眼里很多很多的什物，内心接踵而至的繁杂。你这时候很轻松。是的，你走到自己为自己设定的一块净土上，听你自己的那种皈依，那种洗礼，自己在自己那些有伤口的地方，慢慢地敷上药水。

你开始在一种静中激烈地活动，那是血液与灵魂的更新。一天，或者两天，与那肉体出走，幻化出这么多的事情。你开始惊讶："我也能做出这等事来？"你突然感到那种寂静对自己的拯救，无言对你的相劝，沉默给你的智慧。

你重新走一条道路，一条从沉默中抽丝一般，匀匀称称，毫无造作，毫无粉饰地出现在你面前的路，你这时恍然：原来如此。这"如此"便是智慧，叫你神志清爽，闲云野鹤似的挥洒自如。一切疑团烟消云散，潇洒得仿佛驾驭了眼前的一切。

沉默有一种平静的外形，那就是无表情中的表情。于是有人看不惯，有话就说，有意见就提，何必给人难堪，何必将这么多的人不放在眼里。接着便是揣测：怕是某某的某句话冲撞了他吧？或者就是某地某活动少了他，或者……没完没了，到后来你感到莫名其妙，人家也感到莫名其妙，这世界一下子全都莫名其妙。

就这样人在许多莫名其妙中变形，思想居懦弱，灵魂扭曲，双目朦胧。你一定见过节日里那些有趣的大头娃娃吧，前面是秧歌队，后面是鼓号手，中间夹着他们。不管这时谁个高兴，谁个痛苦，谁个回想往事，谁个展望未来，当大头娃娃向头上一盖，表情统一，一个个嘴角上翘，眉毛下弯，永远一副忍俊不禁的样子。这时候便有许多人看，许多人跟着笑。大家都很满意，大家都看到了笑容，也便得到了一份自己赠给自己的温馨。他们不知道大头娃娃下面盖着的表情，一种没有内涵的表象。

现实中不少人也同样戴了大头娃娃和那假面，于是就有了灵魂的畸形：迟迟早早顺着别人的思维走，自己内心想些什么，全不由了自己。

这种时候没有沉默，没有真正的思考，没有一个人自己的感受，却偶尔也能得到许多好名声：随和，大度，且懂礼貌，说不定年终还能当先进呢。

而你终于要沉默的：那些民族、为了人类创造了财富的，那个钻研科学，发明了优秀成果的，那位终于写出一部文学巨著的，他们怎么老是钻入沉默中出不来呢？你走进沉默的时候，沉默就会说，人生就在这样的氛围中进步。

沉默就是诘问，就是大喊一声：你找见真正的自己了吗？

沉默就是豁达，就是放下世俗的目光，去仔细地窥视自己的内心。

沉默就是潇洒，让你摒弃一切心理疾病，重新站在一座没有悲凉，没有伤感，没有孤独的峰尖上，向自己的灵魂抛散一束束鲜花。

沉默就是沉默，不存在说教，不存在忏悔，不存在找些根据就能走向升华的那种机遇。

沉默用一把解剖刀重塑心灵深处的世界。

人生是一首未完成的诗

年龄病

导 读

正像医院有儿科和老年科一样，不同年龄的人有不同的疾病或疾病特点，心理健康与心理疾病亦是如此。什么年龄该有什么样的心理，而不该有什么样的心理，这是有基本规律可循的。

首先是人的自我意识问题。人生是时间的历程，自我意识和心境是时间的函数。正像立秋以前是繁荣昌盛的景象一样，人在中年以前大多充满活力，胸怀大志，满怀美好的憧憬，几乎忘记了生命的有限性，"以为春可以常在人间，人可以永在青年"。血气方刚、风华正茂的青年人，总以为父母太保守，自己永远代表先进；以为世界上的事情总是是非分明，斗争可以解决世界上的一切不公正……这可以被称为"快乐的青春病"。问题在于我们绝大多数人对此并无反思。"青春无悔"，几乎成了过来者忘记过去岁月中幼稚思想和行为的鸦片。

从青春中走过来的人回头再看青春与正值青春的人看青春自有一番不同。真可谓"不识庐山真面目，只缘身在此山中"。青春中的人不妨从长辈的身上反观一下自己当下的生存行为。青年人喜欢春天和鲜花，心情像春天一样欣欣向荣，像鲜花一样感觉良好，因为青年人总是从美丽灿烂的东西中想象自己美好的生活和辉煌的前途。然而，只能在青春过后才知道这一切不过是自己内心世界的投射，而非人生现实的必然。幸福和以为的幸福当然不是一回事。俗语云："初生牛犊不怕虎。"原来青春的勇敢无畏不过是因为我们对自己的无知、对世道的幼稚认识、对岁月毫无目的的浪费。的确，"青春是摇曳着的烛光下，看不清真切的脸和心"。如果说人生如梦，那么青春是否曾经是最虚幻的梦？

自大是人类最常见的自我意识障碍，青春时的自以为是尤甚。盲目乐观，奢侈浪费，滥交朋友，具有无根的价值观和道德观，追求随意的和刺激的婚前性行为，过着贪睡、贪吃和没有节制的生活，正是一些人常患的快乐的青春慢性病，病症带来的痛苦大概要延后到中年期才会发作，正所谓"少壮不努力，老大徒伤悲"。

人生是需要警示的，秋风、秋雨、秋色、秋光告诉我们该小结了。

阅读材料 ★

才知道青春

◎蒋 芸

才知道青春，原来是这样凄凉的岁月，等到过了青春。

才知道青春是不知所以的凄凉与忧伤，连快乐的时候也是这样的。

才知道青春，青春是日月的踯躅，是不知所以，也没有目的的徘徊。

青春是一切的不自知，等到过了青春，才知道这等待与徘徊，不过是等待着过了青春。

才知道青春，不是春花的脸，不是初恋的心，青春是摇曳着的烛光下，看不清真切的脸和心；青春是烛光下点点滴滴的泪。啊！青春。

才知道青春的祝福，不是馨香祝祷的慎重；青春以为不需祝福，等到过了青春，才知道以后寂寞的路，不能浪掷着祝福。

才知道青春是泪，是不断的扑向，扑向，扑向着的恋情。青春的扑向，仿佛有过不完的岁月，等到过了青春，才知道伸出来，只能扑向空中，剩那一声：啊！青春。

才知道青春是冷雨打着窗子；青春时的雨是摇晃即将溢出的泪，然而青春不知，青春只知没有寒意的冷雨与泪的欢喜，青春是无知的。

才知道青春的爱，只这样的一阵阵，是一阵阵的不知所以然；等到过了青春，才知道：那不是爱，是为了拥抱住那分明知道的青春。

然而，我怎么能说青春不是微笑？青春的微笑曾像快速闪过的镜头，接跳着闪过；青春是微笑，不是幸福，是以为的幸福；等到过了青春，青春是不知辛苦地度过岁月。

才知道青春，是一个不可能的梦；等到过了青春，才知道梦的永不可能；等到过了青春，才知道重回青春更是永远不可能的事。虽然青春不知道那些梦，也许还不曾真正做过梦，等到过了青春，才知道清醒果然是更深沉的梦。

青春是燃起的那一支烟；等到过了青春，烟头仍未安熄，仍有烟头的形状，但那余烬啊，经不起一吹一震，才知道青春，是强说愁；等到过了青春是强自压抑的愁，是大笑后停顿的一刹那，啊，青春，等到过了青春，才知道……

秋

◎丰子恺

　　自从我的年龄告了立秋以后，两年来的心境完全转了一个方向，也变成秋天了。然而情形与前不同：并不是在秋日感到像昔日的狂喜与焦灼。我只觉得一到秋天，自己的心境便十分调和。非但没有那种狂喜与焦灼，且常常被秋风秋雨秋色秋光所吸引而融化在秋中，暂时失却了自己的所在。而对于春，又并非像昔日对于秋的无感觉。我现在对于春非常厌恶。每当万象回春的时候，看到群花的斗艳，蜂蝶的扰攘，以及草木昆虫等到处争先恐后地滋生繁殖的状态，我觉得天地间的凡庸，贪婪，无耻与愚痴，无过于此了！尤其是在青春的时候，看到柳条上挂了隐隐的绿珠，桃枝上着了点点的红斑，最使我觉得可笑又可怜。我想唤醒一个花蕊来对它说："啊！你也来反复这老调了！我眼看见你的无数祖先，个个同你一样地出世，个个努力发展，争荣竞秀；不久没有一个不憔悴而化泥尘。你何苦也来反复这老调呢？如今你已长了这孽根，将来看你弄娇弄艳，装笑装颦，招致了蹂躏、摧残、攀折之苦，而步你祖先们的后尘！"

　　实际，迎送了三十几次的春来春去的人，对于花事早已看得厌倦，感觉已经麻木，热情已经冷却，绝不会再像初见世面的青年少女似的为花的幻姿所诱惑而赞之，叹之，怜之，惜之了。况且天地万物，没有一件逃得出荣枯，盛衰，生天，有无之理。过去的历史昭然地证明着这一点，无须我们再说。古来无数的诗人千篇一律地为伤春惜花费词，这种效颦也觉得可厌。假如要我对

人生是一首未完成的诗

于世间的生荣死天费一点词，我觉得生荣不足道，而宁愿欢喜赞叹一切的死灭。对于死者的贪婪、愚昧与怯弱，后者的态度何等谦逊、悟达而伟大！我对于春与秋的舍取，也是为了这一点。

夏目漱石三十岁的时候，曾经这样说："人生二十而知有生的利益；二十五而知有明之处必有暗；至于三十岁的今日，更知明多之处暗也多，欢浓之时愁也重。"我现在对于这话也深抱同感；有时又觉得三十的特征不止这一端，其更特殊的是对于死的体感。青年们恋爱不遂的时候惯说生生死死，然而这不过是知有"死"的一回事而已，不是体感。犹之在饮冰挥扇的夏日，不能体感到围炉拥衾的冬夜的滋味。就是我们阅历了三十几度寒暑的人，在前几天的炎阳之下也无论如何感不到浴日的滋味。围炉、拥衾、浴日等事，在夏天的人的心中只是一种空虚的知识，不过晓得将来须有这些事而已，但是不可能体感它们的滋味。须得入了秋天，炎阳逞尽了威势而渐渐退却，汗水浸胖了的肌肤渐渐收缩，身穿单衣似乎要打寒噤，而手触法兰绒觉得快适的时候，于是围炉、拥衾、浴日等知识方能渐渐融入体验界中而化为体感。我的年龄告了立秋以后，心境中所起的最特殊的状态便是这对于"死"的体感。以前我的思虑真疏浅！以为春可以常在人间，人可以永在青年，竟完全没有想到死。又以为人生的意义只在于生，而我的一生最有意义，似乎我是不会死的。直到现在，仗了秋的慈光的鉴照，死的灵气钟育，才知道生的甘苦悲欢，是天地间反复过亿万次的老调，又何足珍惜？我但求此生的平安的度送与脱出而已。犹之罹了疯狂的人，病中的颠倒迷离何足计较？但求其去病而已。

自卑可以成为一种动力

自卑是自我意识的一种常见状况。在自卑的人的眼中，世界彻底变了样，好像别人都瞧不起自己，好像自己什么都不行。常见的自卑有体像的自卑（如男性对身高、女性对身材的敏感）、能力的自卑、社会地位和经济地位的自卑等。

观察各种自称为自卑的人，他们各有各的所谓的理由：比如怕自己讲不好，不敢在众人面前表达自己的看法；怕自己唱不好、跳不好，不敢在众人面前展示歌舞；怕讲自己的收入低、职位低、没脸面；怕说自己没权力、没面子。我发现生活中有不少人初次见面就爱说"我认识×××"，或者问别人，"你认识×××吗？"他们仿佛不在乎交谈者与自己的相互了解，而津津乐道于借别人的名声来炫耀自己。其实，这不过是一种以狐假虎威的方式来掩饰内心自卑的做法罢了。

奥地利心理学家阿德勒（A.Adler）认为，其实每一个人并非完人，对自己身体的不满意，或对需求满足的力不从心，都会带来自卑感。自卑是人类普遍的正常的现象。既然我们每一个人都并非完人，所以，有时自卑是毫不奇怪的事情，从没有自卑的人也许并不正常。人因自卑而求补偿，奋发努力。所以，自卑可以成为发展的内在动力。问题在于，自卑也可能因不当的过度补偿，或得不偿失或长期没有得到解决而转化为自卑情结，造成自己适应社会的困难。可见问题不在于有没有自卑，而在于如何认识和对待自卑。

残疾人的自卑是可以理解的，因为他们的确有可见的与众不同的身体残疾；但一个初中毕业的工人硬要自己谈吐不凡，一个相貌平凡的姑娘强烈希望自己像模特般吸引异性，由此而引发的自卑只能是自寻烦恼。神经症患者的自卑与常人的自卑的区别就在于：前者的自卑多是没有充足理由的自卑。自卑者自觉别人看不起自己，其实只是自己编造了一些理由来掩饰自己过高的欲望和自大而已。临床经验表明，在表面的、口头自卑的背后常常隐藏着瞧不起别人的自大。自卑和自大常常是神经症患者身上的一对矛盾，他们或者表面上把自己说得一无是处，而内心里却很清高，瞧不起任何人；或者表面上孤僻清高，而内心深处却自卑透顶。自卑并没有使一个神经症患者变得更加谦虚，而愿意接受别人的意见和改变自己，他们原先不适应的行为并没有因此而转变。

我们都有必要检查一下自己自卑的情况。在自卑与理由之间，可能存在两种情况：其一是理由虚假，比如认为自己很丑（其实在别人看来并非如此）；其二是从理由推不出自卑，虽然理由是客观的，但从这种理由推不出失败的结果，比如身材矮小并不是自己事业不成功的原因，小时候父母教育不良亦不是自己今天忧郁的原因等。

我们不要因为自卑就低声下气、沮丧不振，自卑并不全是坏事。常人有了自卑的体验，可以使其更加谦虚谨慎，更加努力，至少它有助于防止一个人狂妄自大、目空一切。将自卑升华为人生的一种动力，一种谦逊的人生态度，一种理解、宽容和爱的胸怀，无异于又给自己增添了一种新的财富。

体验自卑

◎韩小蕙

1

人生有一种情绪叫"自卑"，我相信它对我们每一个人都不陌生。

若仅依书面语的解释，自卑好像并不如我们想象的那么严重。《现代汉语词典》的解释只是说它："轻视自己，认为无法赶上别人。"如果仅此而已，那么不赶也就不赶了，人生本来有许多无奈的事情，比如，你能成天去和大款们计金量银吗？

问题显然并不是这么回事。在我们内心，自卑好像是一种特别被人不齿、特别要不得的毛病。一个人若被别人看出了他的自卑，那么就好比看到了他最见不得人的隐私，从此他就不好再做人了似的。

我却不怕向世界袒露我的自卑。

2

平生共有两次刻骨铭心的自卑。

一次是在 20 年前"文革"时代。我身为"黑五类子女"，沦为"贱民"。当时我的精神是被彻底压垮了，不用说别人鄙视我，就连自己都鄙视自己，动不动就虔诚地在灵魂深处爆发革命。那种深入到骨髓里的自卑感，给我造成了终生磨灭不掉的伤痕。但同时，它也给予了我坚强的反弹力，在以后痛定思痛的日子里，我觉得自己成熟起来了，心想今生今世，我是绝不会掉入自卑的泥淖中了。

没想到生活的大波大浪又一次将我淹没了。

如果说当年我是跌在泥淖里，那么今天我则是掉进了一个黑洞。黑不见天日，深不见底。我大声地呼救，没有人来救援我。我拼命地自救，却不能自拔，越陷越深。有一种被世界抛弃了的绝望感！

起因其实很简单，说来难以置信，是为了房子。到现在已经"参加革命"24 年的我，居然我还没能混上一间住房。

住房的重要性对我们人类来说无须赘言，没有房子住我们作为人的概念都不完整。那一天我去一家理发店烫头发，理发师是一位 30 出头的小伙子。当他听说我的单位到现在还没分给我一间住房时，竟用那么轻蔑的口气说：

"那你还给它干什么呀？"

我过去曾当过 8 年工人，因此熟悉工人的语言。我知道他轻蔑的"它"当然是指我的单位，可是同时也不无轻蔑我的成分。他的意思有两层，一是你们单位那么大怎么穷到这份上了？二是你肯定也是无能之辈，不然怎么也不致如此。

那一刻我窘迫得无以回答，只有打肿脸充胖子地自嘲。口气虽然尽量调侃，尽量自圆其说以避免面子上下不来，可是我的心却"嗵"地沉到自卑的海底，再也没有力量浮起来。

3

比海洋更大的是人的心理活动。

4

当我的内心失去以往的自信，我发现世界在我的眼中彻底变了模样。

我体验到以前所忽略的许多事情。

比如首先我发现了生存的艰难。只有处在生活的底层或掉在深重的渊薮里，你才能看清什么是世界什么是人生。当然，无家可归的流浪还不是最可怕的，最深的伤害是坏人的脸——当你是太阳时它像忠实的向日葵一天到晚朝你微笑，可这张脸的另一面就是冷酷、自私和狰狞。

我就怀疑起一个最基本的社会命题——应该自卑的到底是他们还是我们自己？从几千年前的老祖宗那里就教导我们说善良是这个世界的本质，可是好人为什么却总是备受磨难？"人善被人欺"这句话内涵外延远远未被认识深刻。"姑息养奸"也没有，"以其人之道还治其人之身"更没有。

这么样一对比，天与地、黑与白、光明与昏暗便立即显示出它们的各自存在。事情明摆着，应该自卑的不是心地高尚的我们，因为我们已为建设这个世界奉献出最大的力气——我们努力工作过了，并且还在继续努力工作着；我们也努力对这个世界善良过了，并且还在继续善良——所以，我学会了坦然地面对自卑，当它虎视眈眈地瞪着我随时准备扑过来时，我也已经做好了准备：我把一颗柔嫩的心放在最粗糙的砂石上反复磨砺，让它变得坚硬似铁、刚强无比。让坏人啃不动、伤害不了、碰得头破血流。然后，让他们把牙齿咬得咯咯响，发疯去吧。

5

我不认为自己是失去了谦谦淑女的风度。

我的心其实变得更软了，变得比以往任何时候都更加善良。我的精神境界升华到新的一重天。在愤世嫉俗、嫉恶如仇的同时，我学会了理解、宽容和爱——在苦海中曾有真正的朋友向我伸来援助之手，虽然她们自己也体小力薄，强自挣扎，但她们还

是心心念念地关怀着我。这块真善美的蓝天啊，永远是我漫漫旅途上的神祇。

只有在她们这神圣的善良与爱面前，我感动一种自己不及的自卑。

大成若缺

在乎自己身体缺陷的人容易产生"体源性自卑"，在乎自己言语表达的人容易产生"口吃"，在乎自己在别人面前表现的人容易产生"社交恐惧症"，在乎自己身体气味的人容易产生"体臭恐惧症"……总之，不能正确地对待缺陷，追求完美，是所有神经症患者的基本特点。

其实，神经症患者的缺陷感很多时候并非真的来源于身体上的缺陷，而在很大程度上是源于自己的过分要求或不正确的审美观。不能容忍自己缺陷的人，对别人也要求苛刻。神经症越严重，他所禁止的和苛刻要求的也就越多、越精致、越执着不变。

缺陷是客观存在的，否认、掩饰或美化缺陷都是不足取的。承认、接受、忍受和宽容缺陷才是改善自己心情的前提。

我们对偶像也许曾有过太多完美的幻念，其实，只要是人，谁都和我们一样有七情六欲、自卑和缺陷，问题并不在于谁有缺陷，缺陷有多大，而在于你把这种缺陷放在意识的什么位置（是中心，还是边缘），将缺陷当作什么（是当作一切失败的原因，还是刺激努力的原动力），如何观察缺陷（是有距离的远视，还是近距离的夸大），如何看待缺陷与追求人生幸福的关系（两者

人生是一首未完成的诗

具有必然的因果关系，还是偶然的关系）。从广义来说，路途上的坎坷，生命中的羁绊，种种不尽如人意的事情都是人生的缺憾。可见，谁都曾有过某种缺憾，缺憾并不可能被消除，改变的只是人对缺憾的态度和认知。如果你以一种审美的眼光重新观照那些缺憾，那些缺憾或许便成了人生的一种经历和怀念。许多艺术创造的动力和成功正源于缺憾。那么，你生活中有没有一种成就来源于某种自卑呢？比如你整天埋头工作是否源于体源性的自卑，或感情生活的不尽如人意呢？

老子曰："自古及今，未有能全其行者也。""水虽平必有波，衡虽正必有差，尺虽齐必有危。"（《通玄真经》卷十一、卷六）"大成若缺，其用不敝。"（《老子》第四十五章）即使是最完满的东西好像也有缺陷，但它的作用不会因此衰竭。缺陷的存在与伟大的人格及对幸福的追求并不矛盾。虽然身材相貌是很难改变的，但我们可以改变对这种缺陷的态度和看法；虽然身材、相貌是可求不可得的，但人格的伟大是可以通过自觉改造和奋斗来塑造的。

能够把痛苦和缺憾嚼碎吞进去并转化为洒脱的人是不可战胜的。一个因车祸而残疾的人坐在轮椅上也可能发现快乐和幸福，因为他感到活着就已经是最大的馈赠。一个人面对挫折、失败和不幸，如何消解这种痛苦，就看他和谁比较，以及怎样进行比较了。能在缺憾里发现幸福契机的能力，是一种能抵御任何磨难和痛苦的免疫力。

回顾一下自己曾经认定的缺陷，以及由此而生的自卑和烦恼。尝试改变自己对这些缺陷的认识，制定提升自己人格的新目标，学习艺术家将缺憾和痛苦宣泄为一幅作品。

谈"缺陷"

◎子　敏

　　月亮之所以能被苏轼叫作美丽的"玉盘"，实在是因为苏轼是在将近二十四万英里外的地方去看它。如果苏轼是太空人阿姆斯特朗，或者阿姆斯特朗是会用文言文写诗的苏轼，那么，无论哪一个，都不可能把他脚下那一片丑陋的"月亮里的土地"叫作"玉盘"。那一片坑坑洼洼的"土地"，无论从哪一个角度去观察，都不可能像那"有脂肪光泽，略透明"的玉呀！

　　我是一个爱看月亮的人，并不因为有阿姆斯特朗带来的消息就嫌弃月亮。我觉得月亮美，无论挂在什么地方都美：榕树梢，屋顶上黑猫的背后，窗外檐下，或者塔尖。我享受月亮的美，其实也是享受二十四万英里的"距离"的美。我们也应该用这个距离来看人生。

　　我应该解释什么叫"二十四万英里的距离"，那个"距离"，就是只看得见柔和的光辉，只看得见脂肪光泽，全然看不见"坑坑洼洼"的"距离"。懂得选取这样的距离，那么，你就能看出来月亮虽然也有丑陋的"坑坑洼洼"的一面，但是它也有晶莹皎洁的一面；坑坑洼洼是真的，晶莹皎洁也是真的。我们没有理由拿那个真来"否定"这个真。

　　我想最值得我们寻味的是：如果你跟月亮挨得太近，你就会发现美丽的月亮也是丑陋的。这完全是事实。把这个道理引申引申，那就是：如果你用"吹毛求疵"的显微镜来看人生，你也会觉得美丽的人生是充满缺陷的。这也完全是事实。

　　"人生充满缺陷"是真的，但是那个真并不能掩盖"人生是美丽的"这个真。月亮的"坑坑洼洼"固然是真的，但是那个真并不能掩盖"月亮是晶莹皎洁的"这个真。我们应该用一种明智的态度去看"缺陷"。

我并不想强调"没有缺陷，就显不出美满的美满"，或者"缺陷本来就是一种美"，或者"缺陷乃是幸福人生所必需的"那种老生常谈。我要强调的是"人生有点儿缺陷是无所谓的"这种豁达的气度。我们用不着替缺陷"打扮"。缺陷就是缺陷，不过缺陷算不了什么。

我希望我有一种能力，能替一个自己觉得人生的一切幸福已经完全具备的人，指出种种的缺陷来；等到他觉得自己的一生"充满缺陷"，灰心得不得了的时候，我再一样一样列举他所获得的，近乎"十全十美"的幸福，使他兴奋得不得了。我的意思是：不要否认缺陷的存在，但是缺陷并不能影响人生的幸福。

杜甫写诗，功力深厚；但是不要以为杜甫的一千多首诗中，句句都是佳句。这是不可能的。杜甫所写的，也有"平凡之句"。可是，不要因为杜甫的诗里也有平凡之句，就又以为杜甫的诗不是功力深厚的。

世界上没有一个人，能使自己的名字等于"英雄"。世界上没有一个人能走上权力的顶峰，按自己的意思"派任国王"，真正的成为"众王之王"。不过，事实上真有一个人办到了——拿破仑！

照我们的推理，拿破仑应该是最"男性"的男性，体格健美，堂堂七尺，虎背熊腰，像个正选第一名的"世界先生"。这个被赞美为"军事上的天才"的英雄，应该是"不但大脑发达，四肢也发达"。

事实上，他的"发型"虽然有希特勒加以模仿，但并不庄严，也没威仪。他的相貌，不能跟身长八尺，面如冠玉，唇若涂脂的刘备相比；也不能跟身长也是八尺，豹头环眼，燕颔虎须的张飞相比；更不能跟身长九尺，丹凤眼，卧蚕眉的高个子关羽相比。

拿破仑相貌平凡，身材矮小，不像"将"，不像"相"，更不像

"帝王"，青年时代人家给他起名叫"小下士"或"矮下士"。

也许他打仗太专心，既然经常忘了吃饭，当然也可能经常忘了洗澡，所以他身上长癣像曾国藩。

对一个大英雄来说，这不仅仅是"美中不足"，简直是严重的缺陷。说不定拿破仑很介意这一点，所以为了"出人头地"，经常骑着高头大马。

又矮，又"貌不惊人"，又长癣，这样的人活着还有什么意思呢？可是你应该看看他那超人的气概：下判断像闪电，用兵像天神，全身是勇气，一身是胆，哪一点不是大英雄的本色！

林肯的情形正跟拿破仑相反。他长得太高了，脸太瘦，所穿的裤子永远太短。这样一个"竹竿人"，实在谈不上什么"相貌堂堂"。

不只是相貌，在"教育"上他也是很有缺陷的。他不但没有学位，甚至根本不能算是"受过教育"。我们那句流行的骂人的话："没受过教育！"如果是指林肯，恰巧非常合适。但是这个缺陷根本不影响林肯的伟大。这个只上过几个月学校的伟人，领导美国度过内战的苦难，发表过世界上最短、最精彩的演说，是人类人道精神的象征，也是美国民主精神的象征。集中世界各国作家为他所写的传记，足够成立一个像样的图书馆。

那样伟大的一个人，一身有那么多的缺陷。这个缺陷那么多的人，竟然那么伟大。

大家很容易想象写"天长地久有时尽，此恨绵绵无绝期"的白居易，一定是一个潇洒美丽的才子，一定是"面若中秋之月"，一头头发"黑亮如漆"，眼睛也一定像秋波，"转盼多情"。可是这个"睡得很少"的"苦读人"，给人的印象，根据他自己的形容，却是又干又瘦，头上白发很多，掉了许多牙，而且"近视得很厉害"。

我并不是想学荀子写"非相"篇。相貌的缺陷只是人生的缺陷的一种。人生的其他缺陷还多得很。

人生是一首未完成的诗

109

一个人可能一生找不到配偶。找到配偶可能不生育。"生育"了可能专生女的或专生男的。一男一女一枝花的，可能很孝顺，但是不怎么有出息；也可能很有出息，但是并不孝顺……不管怎么样，这些缺陷都不妨碍一个人的真正成就，都不妨碍一个人成为伟人。我真正想说的是，这些缺陷甚至不妨碍一个人的幸福，如果他知道什么是真正的幸福的话。

有一个盲作家说，他一向认为人间什么缺陷都可以忍受，只有眼睛瞎了是无法忍受的；可是后来眼睛真瞎了，他才发现那也是可以忍受的，而且照样可以追求幸福。

一个五福齐全的人并不可能享受真正的"优越"，因为他必定还得忍受失去了"不被妒美的自由"的那种缺陷，他必定还得忍受"真正的朋友并不很多"的那种缺陷。

我的真正意思是"没有人没有缺陷"，所以不必介意缺陷。一个"晶莹皎洁"的人生，同时也是"坑坑洼洼"的人生。人人应该这样想："对人生不必太贪心。十全十美是不可能的。尽管'十不全'，能够有'一美'，也就值得感激了。"如果真能这样想，他就很可能发现真正的人生实际上还不只"一美"！

阅读材料 ★

缺憾的幸福

◎彭 程

这题目明显是个悖论，你会说。缺憾有什么幸福？幸福是种完美的状态，人置身里面，不再有何种企求，只愿如此这般天长地久下去。而缺憾呢，是欠缺，是不圆满，是不完美，是这种种

引发的遗憾感。缺憾之于幸福，是月亏之于月盈。可是且慢，既然月亏复能月盈，缺憾为何就不可转化为幸福？

苏东坡被贬，去去千里烟波，来到天涯水角的海南，当时的蛮荒地。环境的险恶不讲，单单心理的打击，一般人都会受不了。为官而遭谪，在旧朝代，不啻断送了前程。岂止是不完美？东坡却旷达、超然，唱起"日啖荔枝三百颗，不辞长作岭南人"。他既然能把酒问月，他当然能笑踏丛莽。人要执着于生命，不可做物与境的奴隶。有一类人天性就是异秉。诺贝尔奖得主俄国的蒲宁说过，即使他缺胳膊断腿，只能坐在小板凳上看落日，他也感到幸福。在缺憾里，有些人总能发现幸福的契机。对这种人，魔鬼也是徒叹奈何的。他们当中虽然有国人亦有洋人，但想来都颇能得老子"祸兮福之所倚"真义的。他们的胃口太好，不但快乐连痛苦也能大口吞下去，而且津津有味。他们的宗教是生活，是生活的全部。对他们来讲，缺憾不是转化为幸福才能被接受，缺憾本来就是幸福的一部分。尼采所谓酒神精神指的是这样一种素质吧？

然而我们多数人毕竟还不能脱俗。你爱恋的姑娘好像也爱你，忽然有一天喜气洋洋地告诉你说要同他人结婚。你没法笑得出来。你把自己关在屋子里，抽掉了几包烟。然后你来到街上，正逢上他们迎面走来。你装得若无其事地吹起口哨，但自己都听出跑了调。你没法潇洒起来。多少个黄昏你来到外面，让暮霭抚慰灵魂。后来终于过去了，好像什么都不曾发生，直到几年后你再次见到她，领着一个天使样的小女儿。那一天你又单独坐了好久，往事如烟，而你心宁静温暖如秋水。你胸中流漾着甜美的忧伤，那种幸福感让你想到了肖邦的夜曲。

还需要说更多么？路途上的坎坷，生命中的羁绊，种种不顺不畅不如意的情形，方其时尝曾令人悲愁无奈乃至忧摧中肠的，过后回头，苦涩中都含了一味回甘。哪个哲人说过的，时间能疗

人生是一首未完成的诗

治一切。普希金则写道："而那过去了的，就会变成亲切的怀念。"这种奇妙的转换背后有着怎样的深奥呢？事情还是那样，变换的是人的心境。时间既然拉开了距离，人既然已超越了功利目的，他便以审美眼光，来观照曾有过的波澜了，便自然会超脱地微笑。在这种观照中，他明白了生命的节奏，于是感到了幸福。"生命的动人就是在于苦与乐、光与暗的迅速变换，就在于善与恶的冲突。"柴可夫斯基如是说。

你已经看到，多少艺术的成功源于缺憾，只是因为有了缺憾，日有所欲而夜有所逐，一枕黄粱梦里的满足，弗洛伊德创精神分析说，言之凿凿，文学是欲望的变相补偿。补偿的当然是缺憾的。于是歌德失恋，成就维特绿蒂，癫狂了欧陆一代青年，更有意义的还是作者获得了自救。艺术家因了他们的聪明才情，变苦楚而为欢乐，变缺憾而为幸福。安徒生拒绝了一位爱他而他也深爱的女性。他是惧怕完美。有所缺憾，他才能向往。幻想造就了他的艺术也造就了他的幸福。这般，应该明白了吧，缺憾是什么？幸福又是什么？

假如地球上没有你

我们常常可以听到这样类似的抱怨声：身在江湖，事务缠身，身不由己，不知道瞎忙什么！的确，不能摆脱许多没效率的文山会海、无聊的应酬形式，实在是浪费人生的悲剧。

有些人说：我很想摆脱，但很难摆脱。为什么很难摆脱？其实，问题可能还在于你是否真心想舍弃那些事务。因为也许恰好是那些事务能满足你的某种虚荣心，使你头上增加一些光环，能使你展示你的特权和满足你的指挥欲。

如要真心摆脱，首先必须去掉功名利禄之心，不贪！其次要正确认识自己之所长，不要逞能。不要以为凡事非我莫属。

不会遗忘，则无所熟记；文章无详略则不能突出重点；人要有所为则必须有所不为。人生是时间的函数，而时间是单向的矢量，人不可能在同一个时间内有两种灿烂的人生。人生旅途中可以选择的路很多，但实际上你每次只能选择其中的一条。如果你总是浅尝辄止，那么你可能永远不知道那条道路的尽头是什么。

不要将每一件事都看得非常重要，不要以为世界上没你不行。你不妨将自己每周应酬的事列出一张清单，删去其中一件你认为可以摆脱的，看看这一周过得怎样；第二周你再删去一件，

人生是一首未完成的诗

如此循序渐进，结果，你会发现，其实很多事没有你的指挥或参与，世界照样转得很好。

假如你觉得没你的能干不行，请你看看那些蠢材照样官运亨通；假如你觉得没有你的直言不讳，真理无法彰明，请你看看那些卑躬屈膝的奴才同样道貌岸然；假如你觉得你死了会有许多人痛惜不已，那请你注意一下你单位张贴的讣告前有几个人愿意驻足？

摆脱其实是一种智慧的放弃，是一种新生活的选择。

阅读材料 ★

谈摆脱

◎朱光潜

生命途程上的歧路尽管千差万别，而实际上只有一条路可走，有所取必有所舍，这是自然的道理。世间有许多人在歧路上只徘徊顾虑，既不肯有所舍，便不能有所取。世间也有许多人既走上这一条路，又念念不忘那一条路，结果也不免差误时光："鱼我所欲，熊掌亦我所欲，二者不可得兼，舍鱼而取熊掌者也。"有这样果决，悲剧决不会发生。悲剧之发生就在于既不肯舍鱼，又不肯舍熊掌，只在那儿垂涎打算盘。这个道理我可以举几个实例来说明。

禾是一个大学生，很好文学，而他那一班的功课有簿记，有法律，都是他所最厌恶的。他每见到我便愁眉蹙额地说："真是无聊！天天只是预备考试！天天只是读这些没有意味的课本！"我告诉他："你既不喜欢那些东西，便把他们丢开就是了。"他说：

"既然花了家里的钱进学堂，总得要勉强敷衍考试才是。"我说："你要敷衍考试，就敷衍考试是了。"然而他天天嫌恶考试，天天又还在那儿预备考试。

我有一个幼时的同学恋爱了一个女子。他的家庭极力阻止他。他每次来信都向我诉苦。我去信告诉他说："你既然爱她，便毅然不顾一切去爱她就是了。"他又说："家庭骨肉的恩爱就能够这样恝然置之么？"我回复他说："事既不能两全，你便应该趁早疏绝她。"但是他到现在还是犹豫不知所措，还是照旧叫苦。

禹也是一个旧时相识。他在衙门里充当一个小差事。他很能做文章，家里虽不丰裕，也还不至于没有饭吃。衙门里案牍和他的脾胃不很合，而且妨碍他著述。他时常觉得他的生活没有意味，和我谈心时，不是说："嗳，如果我不要干这个事，这本稿子久已写成了。"就是说："这事简直不是人干的，我回家陪妻子吃糙米饭去了！"像这样的话我也不知道听他说过多少回数，但是他还是依旧风雨无阻地去应卯。

这些朋友的毛病都不在"见不到"而在"摆脱不开"。"摆脱不开"便是人生悲剧的起源。畏首畏尾，徘徊歧路，心境既多苦痛，而事业也不能成就。许多人的生命都是这样模模糊糊地过去的。要免除这种人生悲剧，第一须要"摆脱得开"。消极说是"摆脱得开"，积极说便是"提得起"，便是"抓得住"。认定一个目标，便专心致志地向那里走，其余一切都置之度外，这是成功的秘诀，也是免除烦恼的秘诀。现在姑且举几个实例来说明我所谓"摆脱得开"。

释迦牟尼当太子时，乘车出游，看到生老病死的苦状，便恍然解悟人生虚幻，把慈父娇妻爱子和王位一齐抛开，深夜遁入深山，静坐菩提树下，冥心默想解脱人类罪苦的方法。这是古今第一个知道摆脱的人。其次如苏格拉底，如耶稣，如屈原，如文天祥，为保持人格而从容就死，能摆脱开一般人所摆脱不开的生活欲，也很可以廉顽立懦。再其次如希腊达奥杰尼司提倡克欲哲学，

除一个饮水的杯子和一个盘坐的桶子以外，身边别无长物，一日见童子用手捧水喝，他便把饮水的杯子也掷碎。犹太斯宾洛莎学说与犹太教不合，犹太教徒行贿不遂，把他驱逐出籍，他以后便专靠磨镜过活。他在当时是欧洲第一个大哲学家，海德尔堡大学请他去当哲学教授，他说，"我还是磨我的镜子比较自由"，所以谢绝教授的位置。这是能为真理为学问摆脱一切的。卓文君逃开富家的安适，去陪司马相如当垆卖酒，是能为恋爱摆脱一切的。张翰在齐做大司马东曹掾，一天看见秋风乍起，想起吴中菰菜莼羹鲈鱼脍，立刻就弃官归里。陶渊明做彭泽令，不愿束带见督邮，向县吏说："我岂能为五斗米折腰向乡里小儿！"立即解绶归官。这是能摆脱禄位以行吾心所安的。英国小说家司考特早年颇致力于诗，后读拜伦著作，知道自己在诗的方面不能有大成就，便丢开音律专去做他的小说。这是能为某一种学问而摆脱开其他学问之引诱的。孟敏堕甑，不顾而去，郭林宗问他的缘故，他回答说："甑已碎，顾之何益？"这是能摆脱过去之失败的。

斯蒂芬生论文，说文章之术在知道遗漏（the art of omitting），其实不独文章如是，生活也要知道遗漏。我幼时有一位最敬爱的国文教师看出我不知摆脱的毛病，尝在我的课卷后面加这样的批语，"长枪短戟，用各不同，但精其一，已足制胜，汝才力有偏向，故发展其所长，不必广心博骛也"。十年以来，说了许多废话，看了许多废书，做了许多不中用的事，走了许多没有目标的路，多尝试，少成功，回忆师训，殊觉报然，冷眼观察，世间像我这样暗中摸索的人正亦不少。大节固不用说，请问街头那纷纷群众忙的为什么？为什么天天做明知其无聊的工作，说明知其无聊的话，和明知其无聊的朋友们假意周旋？在我看来，这都由于"摆脱不开"。因为人人都"摆脱不开"，所以生命便成一幕最大的悲剧。

（原题为"给青年的十二封信"，这里是节录）

116

你有权重新选择今天

过去是一场噩梦恐惧，还是一路荣耀自豪，对于"此在"的心理健康状况着实影响很大。临床上一个不难发现的事实是：一方面，神经症患者总是纠缠在过去的阴影之中不能自拔，如抱怨幼年时家庭父母的教育影响不良，对高考失误等事件后悔莫及，因过去的"坏习惯"抱憾终生，对以前的仇人痛恨不已，对自己的某次选择、失足和懦弱的行为自责内疚，诸如此类，不一而足。另一方面，神经症患者总是爱做白日梦，他们沉浸在未来虚幻的梦境之中，自我陶醉，自我满足；或杞人忧天，忧心忡忡，自卑自怜。

精神分析学派认为，对过去的创伤的执着或固执，对被压抑或剥夺的利比多的执着是患神经症的重要病因。对精神病的研究表明，好幻想和妄想正是精神分裂症等精神疾病患者逃避现实刺激、满足力不从心的现实需求的一种防御机制。由此看来，一个人的精神如果不是陷于过去，就是沉浸在未来的话，那么可能表明他与环境的协调方面已经开始出毛病了。回忆，尤其是强迫式的回忆就像一团乱麻，使人思维不清，方向难辨；就像一块沼泽地，你越挣扎就越陷越深；就像一个黑洞，将吞没人的整个精神

人生是一首未完成的诗

117

能量。

任何一种深度心理治疗的方法大都会对来访者的过去作一个系统的梳理、分析和总结，这样做的目的除了要让当事人了解到目前的问题与过去的某种联系，增进对心理问题的顿悟之外，还要让当事人明白，纠缠在过去是毫无意义的，关键还在于立足今天，重新作出某种新的选择与改变某种不恰当的行为。摆脱过去，包括不为过去的阴影所笼罩，或不满足于、不沉浸于过去的荣耀之中，立足现实，关注今天，是心理健康者的重要人格特征。存在主义心理学劝告我们：我们是向死而生的存在，我们只有很有限的时间去选择，人不能做过去的俘虏和牺牲品，每一个人都是独一无二的"我"，没有谁能代替我们去死。一个人既不能选择出身，也无法改变过去。不管过去如何，我们只确切地拥有今天，我们有权重新选择今天的生活态度和生活方式。

阅读材料 ★☆

忆

◎巴 金

啊，为什么我的眼前又是一片漆黑？我好像落进了陷阱里面似的。我摸不到一样实在的东西，我看不见一个具体的景象。一切都是模糊，虚幻。……我知道我又在做梦了。

我每夜都做梦。我的脑筋就没有一刻休息过。对于某一些人梦是甜蜜的。但是我不曾从梦里得到过安慰。梦是一种苦刑，它不断地拷问我。我知道是我的心不许我宁静，它时时都要解剖我

自己，折磨我自己。我的心是我的严厉的裁判官。它比 Torque-mada[1]更残酷。

"梦，这真的是梦么?"我有时候在梦里这样地问过自己。同样，"这不就是梦么?"在醒着的时候，我又有过这样的疑问。梦境和真实渐渐地融合成了一片。我不再能分辨什么是梦和什么是真了。

薇娜·妃格念尔[2]关在席吕塞堡中的时候，她说过："那冗长的、灰色的、单调的日子就像是无梦的睡眠。"我的身体可以说是自由的，但我不是也常常过着冗长的、灰色的、单调的日子么?诚然我的生活里也有变化，有时我还过着两种完全不同的生活，然而这变化有的像电光一闪，光耀夺目，以后就归于消灭;有的甚至也是单调的。一个窒闷的暗夜压在我的头上，一只铁手扼住我的咽喉。所以便是这些灰色的日子也不像无梦的睡眠。我眼前尽是幻影，这些日子全是梦，比真实更压迫人的梦，在梦里我被残酷地拷问着。我常常在梦中发出叫声，因为甚至在那个时候我也不曾停止过挣扎。

这挣扎使我太疲劳了。有一个极短的时间我也想过无梦的睡眠。这跟妃格念尔所说的却又不同。这是永久的休息。没有梦，也没有真;没有人，也没有自己。这是和平。这是安静。我得承认，我的确愿望过这样的东西。但那只是一时的愿望，那只是在我的精神衰弱的时候。常常经过了这样的一个时期，我的精神上又起了一种变化，我为这种愿望而感到羞惭和愤怒了。我甚至责备我自己的懦弱。于是我便以痛悔的心情和新的勇气开始了新的挣扎。

---

① 15 世纪西班牙宗教裁判所的裁判官。

② 妃格念尔(1852—1942):旧俄民粹派女革命家，在席吕塞堡监狱里给关了20年。1906—1915 年侨居国外，后返国，她写了许多回忆录。(《难忘的劳动》，1921—1922 年版)

我是一个充满矛盾的人。"我过的是两种的生活。一种是为他人的外表生活，一种是为自己的内心生活。"①我的灵魂里充满了黑暗。然而我不愿意拿这黑暗去伤害别人的心。我更不敢拿这黑暗去玷污将来的希望。而且当一个青年怀着一颗受伤的心求助于我的时候，我纵不是医生，我也得给他一点安慰和希望，或者伴他去找一位名医。为了这个缘故，我才让我的心，我的灵魂扩大起来。我把一切个人的遭遇、创伤等都装在那里面，像一只独木小舟深入大海，使人看不见一点影响，我说过我生来就带有忧郁性，但是那位作为"忧郁者"写了自白的朋友，因为看见我终日的笑容而诧异了，虽然他的脸上也常常带着孩子的傻笑。其实我自己的话也不正确。我的父母都不是性情偏执的人，他们是同样的温和、宽厚、安分守己，那么应该是配合得很完满的一对。他们的灵魂里不能够贮藏任何忧郁的影子。我的忧郁性不能够是从他们那里得来的。那应该是在我的生活环境里一天一天地磨出来的。给了那第一下打击的，就是母亲的死，接着又是父亲的逝世。那个时候我太年轻了，还只是一个应该躲在父母的庇护下生活的孩子。创伤之上又加创伤，仿佛一来就不可收拾。我在七年前给我大哥的信里曾写道："所足以维系我心的就只有工作。终日工作，终年工作。我在工作里寻得痛苦，由痛苦而得满足。……我固然有一理想。这个理想也就是我的生命。但是我恐怕我不能够活到那个理想实现的时候。……几年来我追求光明，追求人间的爱，追求我理想中的英雄。结果我依旧得到痛苦。但是我并不后悔，我还要以更大的勇气走我的路。"在这之前不久的另一封信里我却说过："我的心里筑了一堵墙，把自己因在忧郁的思想

---

① 在这里我借用了妃格念尔的话。她还说："——在外表上我不得不保持安静勇敢的面目，这个我做到了；然而在黑夜的静寂里我会带着痛苦的焦虑来想：末日会到来吗？——到了早晨我就戴上我的面具开始我的工作。"她用这些话来说明她被捕以前的心境。

里。一壶茶，一瓶墨水，一管钢笔，一卷稿纸，几本书……我常常写了几页，无端的忧愁便来侵袭。仿佛有什么东西在我的胸膛里激荡，我再也忍不下去，就掷了笔披起秋大衣往外面街上走了。"

在这两封信里不是有着明显的矛盾么?我的生活，我的心情都是如此的。这个恐怕不会被人了解罢。但是原因我自己明白。造成那些矛盾的就是我过去的生活。这个我不能抹杀，我却愿意忘掉。所以在给大哥的另一封信里我又说："我怕记忆。我恨记忆。它把我所愿意忘掉的事，都给我唤醒来了。"

的确我的过去像一个可怖的阴影压在我的灵魂上，我的记忆像一根铁链绊住我的脚。我屡次鼓起勇气迈着大步往前面跑时，它总抓住我，使我退后，使我迟疑，使我留恋，使我忧郁。我有一颗飞向广阔的天空去的雄心，我有一个引我走向光明的信仰。然而我的力气拖不动记忆的铁链。我不能忍受这迟钝的步履，我好几次求助于感情，但是我的感情自身被夹在记忆的钳子里也失掉了它的平衡而有所偏倚了。它变成了不健康而易脆弱。倘使我完全信赖它，它会使我在彩虹一现中随即完全隐去。我就会为过去所毁灭了。为我的前途计，我似乎应该撇弃为记忆所毒害了的感情。但是在我这又是势所不能。所以我这样永久地颠簸于理智与感情之间，找不到一个解决的办法。我的一切矛盾都是从这里来的。

我已经几次说过了和这类似的话。现在又来反复解说，这似乎不应该。而且在这时候整个民族的命运都陷在泥淖里，我似乎没有权利来絮絮地向人诉说个人的一切。但是我终于又说了。因为我想，这并不是我个人的事，我在许多人的身上都看见和这类似的情形。使我们的青年不能够奋勇前进的，也正是那过去的阴影。我常常有一种奇怪的想法：倘使我们是没有过去生活的原始人，我们也许能够做出更多的事情来。

人生是一首未完成的诗

但是回忆抓住了我，压住了我，把我的心拿来肢解，把我的感情拿来拷打。它时而织成一个柔软的网，把我的身体包在里面；它时而燃起猛烈的火焰，来烧我的骨髓。有时候我会紧闭眼目，弃绝理智，让感情支配我，听凭它把我引到偏执的路上，带到悬崖的边沿，使得一个朋友竟然惊讶地嚷了出来："这样下去除了使你成为疯子以外，还有什么？"其实这个朋友却忘了他自己也有不小的矛盾，他和我一样也是为回忆所折磨的人。他以为看人很清楚，却不知看自己倒糊涂了。他把自己看作人类灵魂的医生，他给我开了个药方：妥协，调和；他的确是一个好医生，他把为病人开的药方拿来让自己先服了。然而结果药方完全不灵。这样的药医不了病。他也许还不明白这是什么缘故。我却知道唯一的灵药应该是一个"偏"字：不是跟过去调和，而是把它完全撇弃。不过我的病太深了，一剂灵药也不会立刻治好多年的沉疴。

······

我又在做梦了。我的眼前是一片漆黑，不，我的眼前尽是些幻影。我的眼睛渐渐地亮了，那些人，那些事情。……难道我睡得这么深沉么？为什么他们能够越过这许多年代而达到我这里呢？

我全然在做梦了。我忘记了周围的一切，我忘记了我自己。好像被一种力量拉着，我沉下去，我沉下去，于是我到了一个地方。难道我是走进了坟墓，或者另一个庞贝城被我发掘了出来？我看见了那许多人，那些都是被我埋葬了的，那些都是我永久失掉了的。

我完全沉在梦境里面了。我自己变成了梦中的人。一种奇怪的感情抓住了我。我由一个小孩慢慢地长大起来。我生活在许多我的同代人中间，分享他们的悲欢。我们的世界是狭小的。但是我们却把它看作宇宙般的广大。我们以一颗真挚的心和一个不健全的人生观来度过我们的日子。我们有更多的爱和更多的同情。

我们爱一切可爱的事物：我们爱夜晚在花园上面天空中照耀的星群，我们爱春天在桃柳枝上鸣叫的小鸟，我们爱那从树梢洒到草地上面的月光，我们爱那使水面现出明亮珠子的太阳。我们爱一只猫，一只小鸟。我们爱一切的人。我们像一群不自私的孩子去领取生活的赐予。我们整天尽兴地笑乐，我们也希望别人能够笑乐。我们从不曾伤害过别的人。然而一个黑影来掩盖了我们的灵魂。于是忧郁在我们的心上产生了。这个黑影渐渐地扩大起来，跟着它就来了种种的事情。一个打击上又加第二个。眼泪，呻吟，叫号，挣扎，最后是悲剧的结局。一个一个年轻的生命横遭摧残。有的离开了这个世界，留下一些悲痛的回忆给别的人；有的就被打落在泥坑里面不能自拔……

啊，我怎么做了一个这么长久的梦！我应该醒了。我果然能够摆脱那一切而醒来么？那许多生命，那许多被我爱过的生命在我的心上刻画了那么深的迹印，我能够把他们完全忘掉么？

我把这一切已经埋葬了这么多的年代，为什么到现在还会有这样长的梦？这样痛苦的梦？甚至使我到今天还提笔来写《春》？

过去，回忆，这一切把我缚得太紧了，把我压得太苦了。难道我就永远不能够摆脱它而昂然地、无牵挂地走我自己的路么？

我的梦醒了。这应该是最后的一次了。我要摆脱那一切绊住我的脚的东西。我要摆脱一切的回忆。我要把它们全埋葬在一个更深的坟墓里，我要忘掉那过去的一切。

不管这是不是可能，我既然开始了我的路程，我既然跟那一切挣扎了这许多年代，那么，我还要继续挣扎下去。在永久的挣扎中活下去，这究竟是我度过生活的美丽的方法。

人生是一首未完成的诗

灵魂的自白

据说，世界上只有海豚、人等极少数高级动物会对镜子里的自我形象有兴趣。你可别小看这种观照镜子的兴趣，因为这说明了自我意识的存在。正常的人都有自我意识，可是只有心理健康的人才有较为正确的自我意识，而不少人恰恰因为自我意识的偏差而烦恼不断。如将自己的缺点当成优点而孤芳自赏，将自己的偏见当成理所当然的真理而固执己见，将本来正常的东西当成不正常的而自寻烦恼。难怪老子说："知人者智，自知者明。胜人者有力，自胜者强。"（《道德经》第三十三章）能认识别人的人算有智慧，而能认识自己的人才算高明。

保持自我的独立性，不做别人眼中的奴隶。不为别人的评价而焦虑不安，客观地评价自己工作的意义，以及自己在集体工作中的地位与作用。不要以为自己功高盖世，自己的权威和作用无人可替；不要以为自己的工作十全十美，无可非议，无须改革；不要总以为自己的文章好，别人的文章不好；不要总以为别人恶，自己善。有时，你的观察、你的感觉、你的想法、你的行为、你的推断，甚至你的整个逻辑恰恰都可能是错误的！经验表明，农民、工人等体力劳动者往往能保持较谦虚的心态，

不会对自己工作的作用和意义夸口，而知识分子、领导干部则难以保持这种谦虚的人生态度。俗语说：文人相轻，正说明了这种劣根性的存在。

当代著名的法国哲学家萨特曾写过一本自传，书名叫"词语"。这本书里记载了他对词语的认识，以及词语与自己人生态度的关系。他曾是一个对语言顶礼膜拜的人，曾是一个驾驭语言驰骋社会和影响世界的人，他还一度成为一个鄙视词语和放弃词语工作的人。他迷信过词语，膜拜过词语，批判过词语，直至最后认清了词语，成了超越词语的大师。这的确是一个心灵从被俘虏到自由的反思过程。一个人，尤其是文学家和哲学家能承认自己曾经的失败和上当受骗，看到自己工作的失误和副作用，承认别人批评自己的正确，承认自己曾经撒谎，承认自己有嫉妒之心、虚荣之心、功名利禄之心、自私之心、好斗之心、好色之心，承认自己有过内心的矛盾和迷惘，没有宽阔的胸怀、大度的气概、自我反省和坦诚的精神是难以做到的。

如果说世界上真的有上帝的话，那么，这个上帝就是我们内心自己对自己所说的那种声音。如果我们能明白禅师六祖所说的这样一个并不深奥的道理："本性是佛，离性无别佛"，凡事多反思自己、调整自己、重塑自己，还有什么烦恼不能摆脱呢？

阅读材料 ★☆

解剖我的心灵

◎梁晓声

其实，依我想来，我们每一个人，都有若干机会，或曰若干

人生是一首未完成的诗

时期，证明自己是一个心灵方面、人格方面的导师和教育家。区别在于，好的，不好的，甚而坏的，邪恶的。

我相信有人立刻就能领会我的意思，并赞同我的看法。会进一步指出，完全是这样——不过是在我们成为父亲或母亲之后。

这很对，但这并非是我的主要的意思。

我的人生经验和教训告诉我——也许这世界上根本没有谁能够对我们施以终生的影响。根本没有谁能够对我们负起长久的责任。连对我们最具责任感的父母都不能够。正如我们做了父母，对自己的儿女也不能够一样，倘说确曾存在过能够对我们的心灵品质和人格品质的形成施以终生影响负起长久责任的某先生和某女士，那么他或她绝不会是别人，肯定的，乃是我们自己。

我们在我们是儿童的时候就已经开始教育我们自己了。

我们在我们是少年的时候，就已经开始怀疑甚至强烈排斥大人们对我们的教育了。处在那么一种年龄的我们自己，已经开始习惯于说"不，我认为……"了。我们正是从开始第一次这么说、这么想的那一天起，自觉不自觉地进入了导师和教育家的角色。于是我们收下了我们"教育生涯"的第一个学生——我们自己。于是我们"师道尊严"起来，朝"绝对服从"这一方面培养我们的本能。于是我们更加防范别人，有时几乎是一切人，包括我们所敬爱的人们对我们的影响。如同一位导师不能容忍另一位导师对自己最心爱的弟子耳提面命一样……

我们在这样的心理过程中成为了青年。这时我们对自己的"高等教育"已经临近结业。我们已经太像我们按照我们自己确定的"教育大纲"和自己编写的"教材"所预期的那一个男人或女人了。当然，我指的是在心灵方面和人格方面。

四十多岁的我，看我自己和我周围人们的童年、少年和青年时期，仿佛翻阅了一册册"品行记录"，其上所载全是我们自己对自己的评语和希望。我的小学同学、中学同学、兵团知青战友，

无论今天在社会地位坐标上显示出是怎样的人，其在心灵和人格方面的基本倾向，几乎全都一如当年。如果改变恐怕只有到了老年。因为老年时期是人的二番童年的重新开始。在这一点上，"返老还童"有普遍的意义。老年人，也许只有老年人，在临近生命终点的阶段，积一生几十年之反省的力量，才可能彻底否定自己对自己教育的失误。而中年人往往不能。中年人之大多数，几乎都可悲地执迷于在早期自我教育的"原则"中东突西撞，无可奈其何。

童年的我曾是一个口吃得非常厉害的孩子，往往一句话说不出来，"啊啊呀呀"半天，憋红了脸还是说不出来。我常想我长大了可不能这样。父母为我犯愁却不知怎么办才好。我决定自己"拯救"我自己。这是一个漫长的"计划"。基本实现这一"计划"，我用了三十余年的时间。

少年时的我曾是一个爱撒谎的孩子，总企图靠谎话推掉我对某件错事的责任。

青年时期的我曾受过种种虚荣的不可抗拒的诱惑，而且嫉妒之心十分强烈。我常常竭力将虚荣心和嫉妒心成功地掩饰起来。每每的，也确实掩饰得很成功，但这成功是拿虚伪换来的。

幸亏上帝在我的天性中赋予了一种细敏的羞耻感。靠了这一种羞耻感我才能够常常嫌恶自己。而我自己对自己的劣点的嫌恶，则从心灵和人格方面"拯救"了我自己。否则，我无法想象——一个少年时爱撒谎，青年时虚荣、嫉妒且虚伪的人，四十多岁的时候会成为一个怎样的男人？

所以，我对"自己教育自己"这句话深有领悟。它是我的人生信条之一，最主要的也是最重要的、首位的人生信条。

我想，"自己教育自己"，体现着人对自己的最大爱心，对自己的最高责任感。在这一点上，我们不能指望别人对我们比我们自己对自己更有义务。一个连这一种义务都丧失了的人，那么，

人生是一首未完成的诗

便首先是一个连自己都不爱的人了。一个连自己都不爱的人，那么，他或她对异性的爱，其质量都肯定是低劣的。

我想，我们每个人生来都被赋予了一根具有威严性的"教鞭"。它是我们人类天性之中的羞耻感。它使我们区别于一切兽类和禽类。我们唯有靠了它才能够有效地对自己实施心灵和人格方面的教育。通常我们将它寄放在叫作"社会文明环境"的匣子里。它是有可能消退也可能常新的一种奇异的东西。我们久不用它，它就消退了。我们常用它指斥自己的心灵，它便是常新的。每一次我们自己对自己的心灵的指斥，都会使我们的羞耻感变得更加细敏而不至于麻木，都会使它更具有权威性而不至于丧失。它的权威性是摒除我们心灵里假丑恶的最好的工具，如果我们长久地将它寄存在"社会文明环境"这个匣子里不用，那么它过不了多久便会烂掉。因为那"匣子"本身，永远不是纯洁的真空。

我对自己的心灵进行"自我教育"的时间，肯定地将比我用意志校正自己口吃的时间长得多，因为我现在还在这样。但其"成果"，则比我校正自己口吃的"成果"相差甚远。在四十多岁的我的内心里，仍有许多腌腌臜臜的东西及某些丑陋的"寄生虫"。我的人格的另一面，依然是偏狭的，嫉名妒利的，暗求虚荣的，乃至无可奈何地虚伪着的。还有在别人遭到挫败时的卑劣的幸灾乐祸和快感。

有人肯定会认为像我这样活着太累，其实我的体会恰恰相反。内心里多一份真善美，我对自己的满意便增加一层，这带给我的便是愉悦。内心里多一份假丑恶，我对自己的不满意、沮丧、嫌恶乃至厌恶也便增加一层。人连对自己都不满意的时候还能满意谁满意什么？人连对自己都很厌恶的话又哪有什么美好的人生时光可言？

至今我仍是一个活在"好人山"之山脚下的人。仍是一个活在"坏人坑"之坑边上的人。在"山脚下"和"坑边上"两者之间，

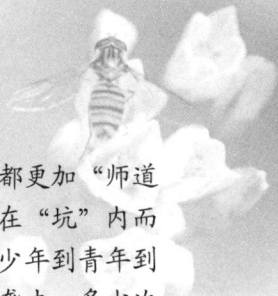

我手执人的羞耻感这一根"教鞭"，比以往任何时候都更加"师道尊严"地教诲我自己这一个"学生"。我深知我不是在"坑"内而是在"坑"边上，所幸全在于此。因为，从童年到少年到青年到现在，我受过的欺骗、遭到过的算计、陷害和突然袭击，多少次完全可能使我脚跟不稳身子一晃，索性栽入"坏人坑"里索性坏起来算了。在兵团、在大学、在京都文坛，有几次陷害和袭击，对我的来势几乎是置于死地的。

可我至今仍活在"好人山"边儿上，有时细想想，这真不容易啊！

每个人的心灵都是一处院落。在未来的日子里，有许多人将会教给我们许多谋生的技艺和与人周旋的技巧。但为我们的心灵充当园丁的人，将很少很少。羞耻感这根人借以自己教诲自己的"教鞭"，正大批地消退着，或者腐烂着。

朋友，如果你是爱自己的，如果你和我一样，存在于"山"之脚下和"坑"之边上，那么，执起"教鞭"吧……

人生是一首未完成的诗

向死而生

导读

　　有生有死是一切生命的特征，但只有人类才具有对生死问题的反思意识和对必然会死的忧虑。关于如何看待生的目的、生的意义和生的价值，如何看待和面对死亡等这些关于人生的终极问题的观点可以称之为生死观，它包括人生观和死亡观两个部分。生死观与信仰和心理健康问题关系十分密切，古希腊哲学家伊壁鸠鲁认为，恐惧的两大根源：一是宗教，二是死亡，而且两个问题是相互关联的，因为怕死而畏神。叔本华也认为，对死亡的恐惧是哲学的开始，也是宗教最终的原因。从某种意义上说，所有的宗教和哲学体系都是针对死亡恐惧的解毒剂。在这里我们还应加一句：对死亡的恐惧同样是神经症的重要底蕴，也是存在主义心理学开给神经症的一副良药。仔细探求各类神经症患者常常泛起的莫名的恐惧，的确与怕死的情结有微妙的关系。

　　既然对生存意义的追求和解释、对死亡的先验的恐惧是人之为人的特点，而且有不同生死观的人就有不同的生活体验和主观的生活质量，而生死观在人生中处于如此枢纽性的地位，所以道家、佛学等一直将生死观教育作为修身养性的核心内容。不难理解，如果一个人连死都不怕了，还有什么东西会使他恐惧和忧

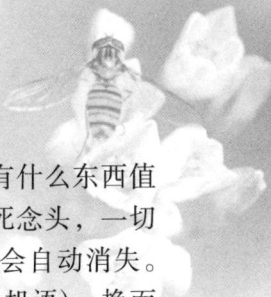

虑？如果明白了人是一种向死而生的存在，又还有什么东西值得自己争得死去活来？先哲们早就认为，放下生死念头，一切苦恼可以迎刃而解；放下生死念头，许多疾病就会自动消失。可谓"一念无生即自由，千灾散尽复何忧"（丘处机语）。换而言之，豁达的生死观是健康心理的重要内涵。虽然生死观如此重要，但整天忙忙碌碌的人无暇关注这个似乎还很遥远的问题，而脆弱的神经症患者们又过多地关注这个问题，而且久久不能逃出这种阴影的笼罩。

如何看待生与死，仁者见仁，智者见智。对于人生的感受，有人觉得幸福、幸运、美好，有人觉得辛苦、受罪、黑暗。对于人生的时间经历，有人感到紧迫和凄凉，将人生比作朝露、白驹过隙，比作一场梦等；有人觉得度日如年，"做一天和尚撞一天钟"，得过且过。有人感到活着很好，有人却觉得出生就是痛苦；有人觉得人生并不是目的，而是体验生活的过程；而有些人却将功名利禄、实现自我意志和价值当作人生的归属。人生的变数实在太多，我们每一个人也许并不是自己人生航船的舵手，也并不能回答主宰人生的奥秘。连孔夫子都说："未知生，焉知死？"我们热爱人生，是因为它是唯一一次在世的机会；我们珍惜人生，是因为它是一种向死而存在的、不能逆转的过程。

如何延长生命是自然科学的任务，如何克服对死亡的恐惧却是宗教、哲学和心理学的事情。如何克服对死亡的恐惧？先人发明的方法有：其一，用淡漠的态度超越死亡。《易经》曰："乐天知命，故不忧。"（《易经·系辞上传·第四章》）儒家将死亡视为人生的休息，他们说："人胥知生之乐，未知生之苦；知老之惫，未知老之佚；知死之恶，未知死之息也。"（《冲虚真经》天瑞篇）"存，吾顺事；殁，吾宁矣。"（张载《西铭》）将死亡看成仁德之人的安息、德性的回归，所以古称死人为"归人"。相对而言，活人就是出行在外的辛苦之人了。其二，以理胜情。道家

人生是一首未完成的诗

131

认为，既然死亡是自然的安排，跟我们喜欢与否、愿意与否毫无关系，那么明智的态度和方法就是顺其自然，听之任之，"将生死二字置于度外，未死先学死，虽生不知生。生也由他，死也由他。犹如死人，不识不知，任凭天断"①，达到"不知悦生，不知恶死"、"哀乐皆不入心"的境界。在道家看来，生与死齐，两者没有什么区别，我们没有必要厚此薄彼。西方哲人伊壁鸠鲁也认为，死亡其实对于我们来说，是无足轻重的，因为"当我们存在时，死亡不存在，而死亡存在时，我们已不复存在"。我们对于死亡的恐惧其实是源于鬼神文化和宗教的渲染，死亡对于活着的人来说其实永远是一件未知的事情，对死亡的恐惧是毫无道理的。其三，道家还有一种独特的主张，那就是学道成仙，试图从肉体上超越死亡，当然，事实证明这是一条行不通的死胡同。其四，主张通过行善积德，立德、立功、立言，使之死而不亡、精神不朽。

从存在主义心理学的观点来看，我们在生存之时反思一下生死问题，"先死而死"可以使人从死亡的威胁之下解放出来而变得更为自由自在，因为唯有体会到死的不可替代性，才能体会到个人的独一无二性。我们没有必要人云亦云，随波逐流，丧失自我，模仿别人，为别人眼中的自我形象而苦恼自卑。唯有体会到死的不可超越性，才能体悟到人生中不应该执着于某种已经达到的可能性或不要泛泛限于诸种可能性之中，而应对各种可能性进行认真的领会与选择，不错失良机，在死亡来到之前，使我们有时间真正胜利地完成自己。唯有体会到死是"不确定的确实的可能性"，我们才会珍惜今天的此在，开心地过好每一天，陷于过去的回忆是毫无意义的，担心未来也是没有必要的。因为生可能是每个人都不一样的，死却是人人平等的，我们只拥有今天。

---

① （清）刘一明：《会心内外集》，太原：山西人民出版社1990年版，第199页。

死被古人称之为医生，费尔巴哈分析道："死是一切罪恶和错误、一切情欲和贪欲、一切需要和斗争、一切苦难和悲痛的否定和终端。"中医很早就将死亡的观念当作治疗工具，《黄帝内经·灵枢·师传》中说："人之情，莫不恶死而乐生，告之以其败，语之以其善，导之以其所便，开之以其所苦，虽有无道之人，恶有不听乎？"要唤醒人爱生、惜生的意识的最好方法，莫过于让人走到存在的边缘，面对死亡！叔本华曾经说过，死亡是意志挣脱原有的羁绊和重获自由的一个转机，我们的确应该很好地把握这个存在于边缘的机遇来顿悟人生。

老子说："人有三死非命亡焉：饮食不节，简贱其身，疾共杀之，乐得无已，好求不止，刑共杀之，以寡犯众，以弱凌强，兵共杀之。"（《通玄真经》卷四）儒家亦认为，只有死得其所才是无憾的。简而言之，我们畏惧死亡是因为要珍惜生命，活得精彩；我们不怕死亡，是因为要活得潇洒自由；我们要死得其所，是因为要活得更有意义。

生

◎巴 金

死是谜。有人把生也看作一个谜。

许多人希望知道生，更甚于愿意知道死。而我则不然。我常常想了解死，却没有一次对于生起过疑惑。

世间有不少的人喜欢拿"生是什么"、"为什么生"的问题折磨自己，结果总是得不到解答而郁悒地死去。

真正知道生的人大概是有的；虽然有，也不会多。人不了解生，但是人依旧活着。而且有不少的人贪恋生，甚至做着永生的大梦：有的乞灵于仙药与术士，有的求助于宗教与迷信；或则希望白日羽化，或则祷祝上登天堂。在活着的时候为非作歹，或者茹苦含辛以积来世之福——这样的人也是常有的。

每个人都努力在建造"长生塔"，塔的样式自然不同，有大有小，有的有形，有的无形。有人想为子孙树立万世不灭的基业；有人愿去理想的天堂中做一位自由的神仙。然而不到多久这一切都变成过去的陈迹而做了后人凭吊唏嘘的资料了。没有一座沙上建筑的楼阁是能够稳立的。这是一个很好的教训。

一百四十几年前法国大革命中的启蒙学者让·龚多塞不顾死的威胁，躲在巴黎卢森堡附近的一间顶楼上忙碌地写他的最后的著作，这是历史和科学的著作。据他说历史和科学就是反对死的斗争。他的书也是为征服死而著述的。所以在写下最后两句话以后，他便离开了隐匿的地方。他那两句遗言是："科学要征服死，那么以后就不会再有人死了。"

他不梦想天堂，也不灵求个人的永生。他要用科学征服死，为人类带来长生的幸福。这样，他虽然吞下毒药，永离此世，他却比谁都更了解生了。

科学会征服死。这并不是梦想。龚多塞企图建造一座为大众享用的长生塔，他用的并不是平民的血肉，像我的童话里所描写的那样。他却用了科学。他没有成功。可是他给那座塔奠了基石。

这座塔到现在还只有那么几块零落的基石，不要想看见它的轮廓！没有人能够有把握地说定在什么时候会看见它的完成。但有一件事实则是十分确定的：有人在孜孜不倦地努力于这座高塔的建造。这些人是科学家。

生物是必死的。从没有人怀疑过这天经地义般的话。但是如今有少数生物学者出来企图证明单细胞动物可以长生不死了。德

国的怀司曼甚至宣言："死亡并不是永远和生物相关联的。"因为单细胞动物在养料充足的适宜的环境里便能够继续营养和生存。它的身体长大到某一定限度无可再长的时候，便分裂为二，成了两个子体。它们又自己营养，生长，后来又能自己分裂以繁殖其族系，只要不受空间和营养的限制，它们可以永远继续繁殖，长生不死。在这样的情形下面当然没有死亡。

拿草履虫为例，两个生物学者美国的吴特拉夫和俄国的梅塔尼科夫对于草履虫的精密的研究给我们证明：从前人以为分裂二百次，便呈现出衰老状态而逼近死亡的草履虫，如今却可以分裂到一万三千次以上，就是说它能够活到二十几年。这已经比它的平常的寿命多过七十倍了。有些人因此断定说这些草履虫经过这么多代不死，便不会死了。但这也只是一个假定。不过生命的延长却是无可否认的。

关于高等动物，也有学者作了研究。现在鸡的、别的一些动物的，甚至人的组织（tissue）已经可以用人工培养了。这证明：多细胞动物体的细胞可以离开个体，而在适当的环境里生活下去，也许可以做到长生不死的地步。这研究的结果离真正的长生术还远得很，但是可以说朝这个方向前进了一步。在最近的将来，延长寿命这一层，大概是可以办到的。科学家居然在显微镜下的小小天地中看出了解决人间大问题——生之谜的一把钥匙。过去无数的人在冥想里把光阴白白地浪费了。

我并不是生物学者，不过偶尔从一位研究生物学的朋友那里学得一点点那方面的常识。但这只是零碎地学来的，而且我时学时忘。所以我不能详征博引。然而单是这一点点零碎的知识已经使我相信龚多塞的遗言不是一句空话了。他的企图并不是梦想。将来有一天科学真正会把死征服。那时对于我们，生就不再是谜了。

然而我们这一代（恐怕还有以后的几代）和我们的祖先一

样，是没有这种幸运的。我们带着新的力量来到世间，我们又会发挥尽力量而归于尘土。这个世界映在一个婴孩的眼里是五光十色的；一切全是陌生。我们慢慢地活下去。我们举起一杯一杯的生之酒尽情地饮下。酸的，甜的，苦的，辣的我们全尝到了。新奇的变为平常，陌生的成为熟习。但宇宙是这么广大，世界是这么复杂，一个人看不见、享不到的是太多了。我们仿佛走一条无尽长的路程，游一所无穷大的园林，对于我们就永无止境。"死"只是一个障碍，或者是疲乏时的休息。有勇气、有精力的人是不需要休息的，尤其在胜景当前的时候。所以人应该憎恨"死"，不愿意跟"死"接近。贪恋"生"并不是一个罪过。每个生物都有生的欲望。虾蟆饥饿时甚至吃掉自己的腿以维持生存。这种愚蠢的举动是无可非笑的，因为这里有的是严肃。

俄罗斯民粹派革命家妃格念尔"感激以金色光芒洗浴田野的太阳，感激夜间照耀在花园天空的明星"，但是她终于让沙皇专制政府将她在席吕塞堡中活埋了二十年。为了革命思想而被烧死在美国电椅上的鞋匠萨珂还告诉他的六岁女儿："夏天我们都在家里，我坐在橡树的浓荫下，你坐在我的膝上；我教你读书写字，或者看你在绿的田野上跳荡，欢笑，唱歌，摘取树上的花朵，从这一株树跑到那一株，从清朗、活泼的溪流跑到你母亲的怀里。我梦想我们一家人能够过这样的幸福生活，我也希望一切贫苦人家的小孩能够快乐地同他们的父母过这种生活。"

"生"的确是美丽的，乐"生"是人的本分。前面那些杀身成仁的志士勇敢地戴上荆棘的王冠，将生命视作敝屣，他们并非对于生已感到厌倦，相反的，他们倒是乐生的人。所以奈司拉莫夫①坦白地说："我不愿意死。"但是当他被问到为什么去舍身就义时，他却昂然回答："多半是因为我爱'生'过于热烈，所以我不忍让别人将它摧残。"他们是为了保持"生"的美丽，维持多数人的生存，

---

① 中篇小说《朝影》中的一个人物。

而毅然献出自己的生命的。这样深的爱！甚至那躯壳化为泥土，这爱也还笼罩世间，跟着太阳和明星永久闪耀。这是"生"的美丽之最高的体现。

"长生塔"虽未建成，长生术虽未发见，但这些视死如归但求速朽的人却也能长存在后代子孙的心里。这就是不朽。这就是永生。而那般含垢忍耻积来世福或者梦想死后天堂的"芸芸众生"却早已被人忘记，连埋骨之所也无人知道了。

我常将生比之于水流。这股水流从生命的源头流下来，永远在动荡，在创造它的道路，通过乱山碎石中间，以达到那唯一的生命之海。没有东西可以阻止它。在它的途中它还射出种种的水花，这就是我们生活里的爱和恨，欢乐和痛苦，这些都跟着那水流不停地向大海流去。我们每个人从小到老，到死，都朝着一个方向走，这是生之目标，不管我们会不会走到，或者我们会在中途走入了迷径，看错了方向。

生之目标就是丰富的、满溢的生命。正如青年早逝的法国哲学家居友所说："生命的一个条件就是消费。……个人的生命应该为他人放散，在必要的时候还应该为他人牺牲。……这牺牲就是真实生命的第一个条件。"我相信居友的话。我们每个人都有着更多的同情，更多的爱慕，更多的欢乐，更多的眼泪，比我们维持自己的生存所需要的多得多。所以我们必须把它们分散给别人，否则我们就会感到内部的干枯。居友接着说："我们的天性要我们这样做，就像植物不得不开花似的，纵然开花以后便会继之以死亡，它仍旧不得不开花。"

从在一滴水的小世界中怡然自得的草履虫到在地球上飞腾活跃的"芸芸众生"，没有一个生物是不乐生的，而且这中间有一个法则支配着，这就是生的法则。社会的进化，民族的盛衰，人类的繁荣都是依据这个法则而行的。这个法则是"互助"，是"团结"。人类靠了这个才能够不为大自然的力量所摧毁，反而把它

人生是一首未完成的诗

137

征服，才建立了今日的文明；一个民族靠了这个才能够抵抗其他民族的侵略而维持自己的生存。

维持生存的权利是每个生物、每个人、每个民族都有的。这正是顺着生之法则。侵略则是违反了生的法则的。所以我们说抗战是今日的中华民族的神圣的权利和义务，没有人可以否认。

这次的战争乃是一个民族维持生存的战争。民族的生存里包含着个人的生存，犹如人类的生存里包含着民族的生存一样。人类不会灭亡，民族也可以活得很久，个人的生命则是十分短促的。所以每个人应该遵守生的法则，把个人的命运联系在民族的命运上，将个人的生存放在群体的生存里。群体绵延不绝，能够继续到永久，则个人亦何尝不可以说是永生。

在科学还未能把"死"完全征服、真正的长生塔还未建立起来以前，这倒是唯一可靠的长生术了。

我觉得生并不是一个谜，至少不是一个难解的谜。

我爱生，所以我愿像一个狂信者那样投身到生命的海里去。

阅读材料 ★

死

◎ 巴 金

像斯芬克司①的谜那样，永远摆在我眼前的是一个字——死。

想了解这个字的意义，感觉到这个字的重量，并不是最近才有的事。我如从忙碌的生活中逃出来，躲在自己的房间里，静静

---

① 希腊神话：斯芬克司是狮身女面、有双翼的怪物，常常坐在路旁岩石上，拦住行人，要他们猜一个难解的谜，猜不中的人便会给她弄死。

地思索片刻，像一个旁观者似的回溯我的过去，我便发现在一九二八年我的日记的断片中，有两段关于死的话。一段的大意是：忽然想到死，觉得死逼近了，但自己不甘心这样年轻地就死去。自己用了最大的努力跟死挣扎，后来终于把死战胜了。另一段的大意是：今天一个人在树林中散步，忽然瞥见了死，心中非常安静，觉得死也不过如此。……我那时为什么要写这样的话？当时的心情经过八九年岁月的磨洗，已经成了模糊的一片。我记得的是那时过着秋水似的平静的生活，地方是法国玛伦河畔的一个小城镇。在那里我不会看见惊心动魄的惨剧。我所指的"死"多半是幻象。

幻象有时也许比我所看见的情景更真切。我自小就见过一些人死。有的是慢慢地死去，有的死得快。但给我留下的是同样的不曾被人回答的疑问：死究竟是什么？我常常好奇地想着我要来探求这个秘密。然而结果我仍是一无所得。没有一个死去的人能够回来告诉我死究竟是怎么一回事情。

有时我一个人关在房里，夜晚不点灯，我静静地坐在椅子上，两只眼睛注意地望着黑暗。我什么也看不见。但是我依旧注意地望着。我也不用思想。这时死自然地来了，但也只是一刹那间的事，于是它又飘飘然走了。死并不可怕。自然死也不能引诱人。死是有点寂寞的。岂止有点寂寞，简直是十分寂寞。

我那时的确是一个不近人情的孩子（以后自然也是）。我把死看作一个奇异的所在。我一两次大胆地伸了头在那半掩着的门前一望。门里是一片漆黑。我什么东西都看不见。这探求似乎是徒然的。

有一次我和死似乎隔得很近。那是在成都发生巷战的时候。其实说巷战，还不恰当，因为另一方面的军队是在城外。城外军队用大炮攻城，炮弹大半落在我们家里，好几间房屋被毁坏了，到处都是灰尘，我们时时听见大炮声、屋瓦震落声与家人惊叫声。一家人散在四处，无法聚在一起，也不知道彼此的生死。我

记得清楚，那是在一九二三年二月十二日（阴历），也就是所谓"花朝"（百花生日），午前十一点钟的光景。我起初还在大厅上踱着，后来听说家里的人大半都躲在后面新花园里去了，我便跑到书房里去。教书先生在那里，不过没有学生读书。不久三哥也来了。我们都不说话，静静地听着炮声。窗外是花园，从玻璃窗望出去，玉兰花刚开放，满树满枝的白玉花朵已经引不起我们的注意。他们垂着头坐在书桌前面。我躺在床上，头靠着床背后的板壁。炮弹带着春雷似的巨响从屋顶上飞过。我想，这一次它会落到我的头上来罢。只要一瞬的功夫，我便会落在黑暗里，从此人和我隔了一个世界，留给我的将是无穷的寂寞。……这时我的确感到很大的痛苦。死并不使我害怕。可怕的是徘徊在生死之间的那种不定的情形。我后来想，倘使那时真有一个炮弹打穿屋顶，向着我的头落下来，我会叫一声"完了"，就放心地闭上眼睛，不会有别的念头。我用了"放心地"三个字，别人也许觉得奇怪。但实际上紧张的心情突然松弛了，什么留恋，担心，恐怖，悔恨，希望，一刹那间全都消失得干干净净，那时心中确实是空无一物。爱德华·加本特在他的一本研究爱与死的书里说："在大多数的场合中，它（指死）是和平的，安静的，还带着一种深的放心的感觉。"[1] 这是很有理由的。

我还见过一次简单的死。川、黔军在成都城内巷战的时候，对门公馆里的一个轿夫（或者是马弁，因为那家的主人是什么参议、顾问之类）站在我家门前的太平缸旁边，跟人谈闲话。一颗子弹落在街心，再飞起来，打进了那个人的胸膛。他轻轻叫了一声，把手抚着胸倒在地上。什么惊人的动作也没有。他完结了，这么快，这么容易。这一点也不可怕，我又想起加本特的话来了。他说死人的脸上有时还会闪着一种忘我的光辉，好像新的生命已经预先投下它的光辉来了。他甚至在战地遗尸的脸上见过这样的表情。他以为死是生命的变形内的生命的解脱。

[1] 见英国作家爱·加本特(1844—1929)的《爱与死的戏剧》。

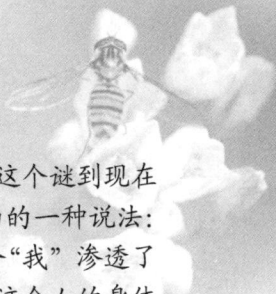

据说加本特的研究方法是科学的，但是"死"这个谜到现在为止似乎还不曾得到一个确定的解答。我更爱下面的一种说法：死是"我"的扩大。死去同时也就是新生，那时这个"我"渗透了全宇宙和其他的一切东西。山、海、星、树都成了这个人的身体的一部分，这一个人的心灵和所有的生物的心灵接触了。这种经验是多么伟大，多么光辉，在它的面前一切小的问题和疑惑都消失了。这才是真正的和平，真正的休息。

这自然是可能的。我有时也相信这种说法。但是这种说法毕竟太美丽了。而且我不曾体验到这样的一个境界。我想到"死"的时候，从没有联想到这一个死法。我看见的是黑的门、黑的影子。倒是有一两次任何事情都不去想的时候，我躺在草地上，望着傍晚的天空和模糊的山影，树影，我觉得自己并不存在了，我与周围的一切合在一起变成了一样东西。然而这感觉很快地就消失了。要把它捉回来，简直不可能。但这和死完全没有关系，并不能证实前面的那种说法。

我忽然想起了一件事。我在前面说过没有一个死了的人能够回来告诉我关于死的事情。对于这句话我应该加以更正。我有一个朋友患伤寒症曾经死过几小时，后来被一位名医救活了。在国外的几个友人还为他开过一个追悼会。他后来对我谈起他的死，他说他那时没有一点知觉，死就等于无梦的睡眠。加本特认识一位太太，她患重病死了两三个钟头，家人正要给她举办丧事，她忽然活转来了。此后她又活了三四年。据说她对于死也没有什么清晰的感觉。但有一点她和我那位朋友不同。她是一个意志力极坚强的女人，她十分爱她的儿女，她不能舍弃他们，所以甚至在这无梦的睡眠中她还保持着她的"求生的意志"。这意志居然战胜了死，使她多活了几年。诗人常说"爱征服死"。爱的确可以征服死，这里便是一个证据。若就我那位朋友的情形来说，那却是"科学把死征服"了。

像这样的事情倒是我们常常会遇见的。然而从死过的人的口

里我们却不曾听过一句关于死的恐怖的话。许多人在垂危的病中挣扎地叫着"我不要死",可是等到死真的来了时,他(或她)又顺服地闭了眼睛。的确这无梦的睡眠,永久的安息,是一点也不可怕的。可怕的倒是等死。而且还是周围那些活着的人使"死"成为可怕的东西。那些眼泪,那些哭声,那些悲戚的面容……使人觉得死是一个极大的灾祸。而天堂地狱等的传说更在"死"上面罩了一个可怕的阴影。我在小孩时代就学会了怕死。别的许多人的遭遇和我的不会相差多远。

世间不知道有多少人因为怕死甘愿低头去做种种违背良心的事情。真正视死如归的勇士是不多见的。像耶稣被钉在十字架,布鲁诺上火柱①……像这样毫不踌躇地为信仰牺牲生命的古往今来能有几人!

人怕死,就因为他不知道死,同时也因为不知道他自己。其实他所害怕的并不是死,我读过一部通俗小说②,写一个被百口称作懦夫的人怎样变成勇敢的壮士。这是一个临阵脱逃的军官。别人说他怕死,他自己也以为他怕死。后来为环境所迫,他才发见了自己的真面目。他并不是一个怕死的人。他怕的却是"怕死"的"怕"字。他害怕自己到了死的时候会现出怯懦的样子,所以他逃避了。后来他真正和死对面时却没有丝毫的畏惧。许多人的情形大概都和这个军官的类似。真正怕死的人恐怕也是很少很少的罢。倘使大家都能够明白这个,那么遍天下皆是勇士了。

"死"不仅是不可怕,它有时倒是值得愿望的,因为那才是真正的休息,那才是永久的和平。正如俄国政治家拉吉穴夫所说:"不能忍受的生活应该用暴力来毁掉。"一些人从"死"那里得

---

① 不用说,这是指旧社会中说的。乔·布鲁诺是意大利伟大的思想家,因传播无神论,批评宗教和教皇的特权等受到宗教的审判,1600 年在罗马受火刑,活活地烧死在火柱上。

② 即《四羽毛》,这是一本宣扬英帝国主义 "功绩" 的坏书。

到了拯救。拉吉穴夫自己就是服毒而死的（在1802年）。还有俄罗斯的女革命家，"五十人案"中的女英雄苏菲·包婷娜后来得了不治之病，知道没有恢复健康的希望了，她不愿意做一个靠朋友生活的废人，便用手枪自杀。那是1883年的事情。去年夏天《狱中记》①的作者柏克曼在法国尼斯用手枪结束了自己的生命。他患着重病，又为医生所误，两次的手术都没有用。他的目力也坏了。他不能够像残废者那样地过着日子。所以有一次在他发病的时候，他的女友出去为他请医生，躺在病床上的他却趁这个机会拿手枪打了自己。四十四年前他的枪弹不曾打死美国资本家亨利·福利克，这一次却很容易地杀死了他自己。在他留下的短短的遗书里依旧充满着爱和信仰。他这个人虽然只活了六十几岁，但他确实是知道怎样生，知道怎样死的。

在这样的行为里面，我们看不见一点可怕或者可悲的地方。死好像只是一件极平常、极容易、极自然的事情。甚至在所谓"卡拉监狱的悲剧"②里，也没有令人恐怖的场面。我们且看下面的记载：

……波波何夫与加留席利二人都吞了三倍多的吗啡，很快地就失了知觉。夜里波波何夫还醒过一次。他听见加留席利喉鸣，他想把加留席利唤醒。他抱着他的朋友，在这个朋友的脸上狂吻了许久。后来他看见这个朋友不会再醒了，他又抓了一把鸦片烟吞下去，睡倒在加留席利的身边，永闭了眼睛。

谁会以为这是一个令人伤心断肠的悲剧呢？多么容易，多么平常（不过对于生者当然是很难堪的）。美国诗人惠特曼在美国内

---

① 这是一个年轻人在美国监狱中十四年生活的记录。

② 这是为了给一个女囚人雪耻的同盟自杀，参加者女囚人三个（先死），和男囚人十四个。事情发生于1889年。雷翁·独意奇的《西伯利亚的十六年》中有详细的记载。

战的时期，曾在战地医院里服务，他一定见过许多人死，据他说在许多场合中"死"的到来是十分简单的，好像是日常生活里一件极普通的事情，"就像用你的早餐一样"。

关于"死"的事情我写了八张原稿纸，我把问题整个地想了一下，我觉得我多少懂得了一点"死"。其实我果真懂得"死"吗?我自己也没有胆量来下一个断语。我的眼光正在书堆中旅行，它忽然落到了一本日文书上面，停住了。我看书脊上的字:

死之忏悔
古田大次郎。①

古田大次郎自称为一个恐怖主义者。倘使把他的日记当作一个恐怖主义者的心理分析的记录看倒很适当。或者把它看作一个人的最真挚的自白看也无不可。所在加藤一夫读了它，就"觉得我的灵魂被净化了。我真的由于他的这记录而加深了我对于生活的态度"。加藤一夫称古田为一个"真诚的，真实的而又充满温情的纯真的灵魂"。他说《死之忏悔》是一本"非宗教的宗教书"。

我读完这本书，我的心灵受到了强烈的震动。但是我不能不有一种惋惜的感觉。像古田那样的人不把他的希望寄托在有组织的群众运动上面，却选取了恐怖主义的路，在恐怖主义的境地中去探求真理，终于身死在绞刑台上。这的确是一件很可痛惜的事。

我不觉吃了一惊。贯串着这一本将近五百页的巨著的不就是同样的一个"死"字么？

"死究竟是什么呢？"

那个年轻的作者反复地问道。他的态度和我的是不相同的。他并不是一个作家，此外也不曾写过什么东西。其实他也不能够再写什么东西，这部书是他在死囚牢中写的日记，等原稿送到外面印成书时，作者已经死在绞刑台上了。我见过一张作者的照片，是死后照的。是安静的面貌，一点恐怖的表情也没有。不像是死，好像是无梦的睡眠。看见这张相就想到作者的话："一切都完了。然而我心里并没有受到什么打击，很平静的。像江口君的话，既然到了那个地步，不管是苦，不管是烦闷，我只有安然等候那死的来临。"这个副词"安然"用得没有一点夸张。他的确是安然死去的。他上绞刑台的时候，怀里揣着他妹妹寄给他的一片树叶，和他生前所喜欢的一只狗和一只猫的照片。这样地怀着爱之心而死，就像一个人带着宽慰的心情静静地睡去似的。这安然的死应该说是作者的最后胜利。

然而我读了这两百多天的日记，我想到一个二十六岁的青年在狱中等死的情形，我在字句间看出了一个人的内心的激斗，看出了血和泪的交流。差不多每一页、每一段上都留着挣扎的痕迹。作者能够达到那最后的胜利，的确不是容易的事。

"我感着生的倦怠么？不！"

"对于死的恐怖呢？曾经很厉害地感着。现在有时感到，有时感不到。把死忘记了的时候居多。只是死的瞬间的痛苦还是有点可怕。"

作者这样坦白地承认着。他常常在写下了对于死的畏惧以后，又因为发觉自己的懦弱而说些责备自己的话。然而在另一处他却欣喜地发现：

"死是不可思议的，然而也是伟大的。……"

人生是一首未完成的诗

后来作者又疑惑地问道：

"死果然是一切的终结吗？死果然会赔偿一切吗？我为什么要怕死呢？"

"死并不可怕，只是非常寂寞。我为什么憎厌临死的痛苦呢？我想那样的痛苦是不会有的罢。"作者又这样地想道。

"我想保持着年轻的身体而死去。"这是作者的希望。

我不想再引下去了。作者是那样的一个厚于人情的青年，他有慈祥的父亲，又有可爱的妹妹，还有许多忠诚的友人。要他把这一切决然抛弃，安然攀登绞刑台，走入那寂寞的永恒里，这的确不是片刻的工夫所能做到的。这两百多天的日记里充满着情感的波动。我们只看见那一起一伏，一潮一汐。倘使我们不小心翼翼一步一步地追随作者的笔，我们就不能了解作者的心情。

只有二十六岁的年纪。不愿意离开这个世界，而又不得不离开。不想死，而被判决了死刑。一天天在铁窗里面计算日子，等着死的到来。在等死的期间想象着那个未知的东西的面目，想象着它会把他带到什么样的境界去。在这种情形下写成的《死之忏悔》，我们可以用一个"死"字来包括。他谈死，他想了解死，他感觉到死的分量，和我完全不同。他的文字才是充满着血和泪的。在那本五百页的大书里作者古田提出许多疑问，写出许多揣想，作者无一处不论到死，或者暗示到死。然而我却找不到一个确定的答案，一个结论。

其实这个答案，这个结论是有的，却不在这本书里面，这就是作者的死。这个死给他解答了一切的问题，也给我解答了一切的问题。

古田大次郎为爱而杀人，而被杀，以自己的血偿还别人的血，以自己的痛苦报偿别人的痛苦。他以一颗清纯的心毫不犹豫地攀登了绞刑台。死赔偿了一切。死拯救了一切。

我想："他的永眠一定是安适而美满的罢。"我突然想起五十

年前芝加哥劳工领袖阿·帕尔森司①上绞刑台前作的诗了：

　　　　到我的墓前不要带来你们的悲伤，
　　　　也不要带来眼泪和凄惶，
　　　　更不要带来惊惧和恐慌；
　　　　我的嘴唇已经闭了时，
　　　　我不愿你们这样来到我的坟场。

　　　　我不要送葬的马车排列成行，
　　　　我不要送丧的马队，
　　　　头上羽毛飘动荡漾；
　　　　我静静地放我的手在胸上，
　　　　且让我和平地安息在墓场。

　　　　不要用你们的怜悯来侮辱我的死灰，
　　　　要知道你们还留在荒凉的彼岸，
　　　　你们还要活着忍受灾祸与苦辛。
　　　　我静静地安息在坟墓里面，
　　　　只有我才应该来怜悯你们。

　　　　人世的烦愁再不能萦绕我心，
　　　　我也不会再有困苦和悲痛的感情，

————————

　　① 帕尔森司（1848—1887）：美国芝加哥劳工运动的一个领导人。1886 年 5 月 4 日芝加哥干草市场发生炸弹事件。帕尔森司是当日群众大会的一个演说者，因此被法庭悬赏五千元通缉。6 月 21 日他到法庭自首。第二年 11 月 11 日与同志司皮司、斐失儿、恩格尔同受绞刑。1893 年伊里诺斯省新省长就职，重查此案，发现真相，遂发出理由书，宣告法官枉法，并替帕尔森司等洗去罪名。这是帕尔森司上绞刑台前数小时内写成的诗。

人生是一首未完成的诗

一切苦难都已消去无影。
我静静地安息在坟墓内，
我如今只有神的光荣。

可怜的东西，这样惧怕黑暗，
对于将临的惨祸又十分胆寒。
看我是何等从容地回到家园！
不要再敲你们的丧钟，
我现在已意足心满。

这篇短文并不是"死之礼赞"。我虽然写了种种关于"死"的话，但是我愿意在这里坦白地承认：

"我还想活！"因为我正如小说《朝影》中的青年奈司拉莫夫所说："我爱阳光，天空，和春光，秋景；我爱青春，以及自然母亲所给予我们的和平与欢乐。……"

后　记

　　经过几年像工蜂酿蜜似的积累，终于有了几册由散文配制的心理处方，心中长久积聚的一股苦涩和愁绪顿时变成了一种甘甜。我似乎看到了那些为心理病毒侵袭的树木花草在文学春雨的滋润下渐渐长出了有生命力的、带着希望的嫩叶和花蕊。

　　我记得高尔基说过，文学的目的就是要使人高尚起来。我想心理健康的最高目的与文学的追求是殊途同归的。我非常感谢那些写出美文、不经意为我的病人开出心灵处方的文人墨客，他们的睿智和幽默肯定比苦涩的药物更利于开启人的心智。在暖暖的阳光下，斜斜地躺在靠椅上，细细地品味这慢慢道来、娓娓动听的优美词句，那情景、那感觉、那心动，无异于最美的一种享受。

　　我还要衷心地感谢为收集这些美文，帮助文稿校对，查对出处而付出辛勤劳动的亲人和学生；感谢袁冰凌编辑为解决版权和发行问题所作的努力；还要特别感谢那些慕名而来，求医问药的病友们，感谢他们对一个心理医生的无比信任，是他们让我更了解人生百态，感悟人生的真谛。我谨将本书献给我终生爱好阅读的敬爱的父亲、姐姐与兄长，他们是我从小爱好阅读的榜样，献给所有关心和帮助过我的亲朋好友、老师和病友们！

邱鸿钟

丙戌年正月二十八

于羊城白云山鹿鸣湖畔

人生是一首未完成的诗